高职高专制药技术类专业系列规划教材

仪器分析

主　编　鲁群岷　舒　炼　丁世环

副主编　苏花卫　仲继燕　张　锐

参　编　张嘉杨　李艳艳

　　　　冉隆富　明智强

重庆大学出版社

内容提要

本书根据高等职业教育"仪器分析"课程设置的基本要求,本着基础知识必需、够用、突出应用性的原则,结合高职高专教育特点,以能力培养为本位,轻理论,重实践。全书在内容上共分为 7 个项目,主要介绍了紫外-可见分光光度法、红外吸收光谱法、电位分析法、色谱分析法导论、气相色谱法、高效液相色谱法等内容,书后附有相关常用知识参考。本书注重实际应用性,以便更好地培养学生的实际操作能力和综合应用能力。

本书适合高职高专药品经营管理类、工业分析类、药学类、医学检验、化工生产技术等相关专业师生使用,也可供相关从业者参考。

图书在版编目(CIP)数据

仪器分析/鲁群岷,舒炼,丁世环主编.--重庆:
重庆大学出版社,2018.10
高职高专制药技术类专业系列规划教材
ISBN 978-7-5624-7614-6

Ⅰ.①仪… Ⅱ.①鲁…②舒…③丁… Ⅲ.①仪器分析—高等职业教育—教材 Ⅳ.①O657

中国版本图书馆 CIP 数据核字(2018)第 229502 号

仪器分析

主 编 鲁群岷 舒 炼 丁世环
策划编辑:袁文华

责任编辑:陈 力 涂 昀 版式设计:袁文华
责任校对:谢 芳 责任印制:赵 晟

*

重庆大学出版社出版发行
出版人:饶帮华
社址:重庆市沙坪坝区大学城西路 21 号
邮编:401331
电话:(023) 88617190 88617185(中小学)
传真:(023) 88617186 88617166
网址:http://www.cqup.com.cn
邮箱:fxk@ cqup.com.cn(营销中心)
全国新华书店经销
重庆荟文印务有限公司印刷

*

开本:787mm×1092mm 1/16 印张:11.75 字数:293 千
2019 年 1 月第 1 版 2019 年 1 月第 1 次印刷
印数:1—3 000
ISBN 978-7-5624-7614-6 定价:29.00 元

前　言

　　"仪器分析"是高职高专制药技术类专业的一门专业基础课程。近几年,我国高等职业教育取得了突飞猛进的发展,高等职业教育理念也发生了很大的转变。以培养高素质技能型人才为核心,以就业为导向、能力为本位、学生为主体,成为目前高等职业教育的指导思想和原则。本教材紧扣高等职业技术教育的培养目标,本着"立足实用,强化能力,注重实践"的职业教育特点进行编写。

　　本教材内容在选取上以"实用、够用"为主。在企业调研的基础上,本书介绍了企业常用的仪器分析方法,包括紫外-可见分光光度法、红外吸收光谱法、电位分析法、气相色谱法、高效液相色谱法。同时,降低了理论难度,加大了实验技术方面的介绍。

　　本教材在编写过程中,编者认真贯彻落实全国高职高专药品类专业教育改革和发展的指导思想和教学大纲的要求。本教材共分为7个项目,具体包括:项目1绪论,项目2紫外-可见分光光度法,项目3红外吸收光谱法,项目4电位分析法,项目5色谱分析法导论,项目6气相色谱法,项目7高效液相色谱法。本教材由重庆能源职业学院鲁群岷、舒炼、丁世环担任主编;苏花卫、仲继燕、张锐担任副主编;张嘉杨、李艳艳、冉隆富、明智强参与了编写;舒炼、鲁群岷负责全书的统稿工作。

　　本教材在编写过程中,得到了重庆能源职业学院石工食品检测中心有限公司的大力支持,借鉴吸收了部分专家、学者的成果,在此表示衷心的感谢。同时,西南药业股份有限公司冉隆富工程师、重庆联发检测技术有限公司明智强工程师、承德石油高等专科学校苏花卫老师、包头轻工职业技术学院张锐老师对教材的编写给出了宝贵的意见和建议,在此表示衷心的感谢。本书错漏之处在所难免,敬请各校师生及广大读者在使用过程中提出宝贵意见。

编　者

2018 年 7 月

目 录 CONTENTS

项目 1　绪　论

📖 【知识目标】
　了解仪器分析的概念;仪器分析与化学分析的相互关系。
　掌握仪器分析方法的分类与特点。

📖 【能力目标】
　能掌握仪器分析的测定范围,能区分不同分析方法的特点。

任务 1.1　仪器分析

　　仪器分析是指通过使用仪器设备测定物质的物理性质或物理化学性质的参数或参数变化,根据测定结果进行定性或定量分析的方法。仪器分析是分析化学的重要组成部分。

　　分析化学是一门研究表征和测量物质的化学组成和特性的学科。分析化学包括化学分析和仪器分析,化学分析是以测量物质的化学反应为基础的分析方法,是利用物质的化学反应及其定量关系对物质进行定量分析;仪器分析是以测量物质的物理和化学性质为基础的分析方法,它是基于待测物质的物理和化学性质,对物质进行定性和定量分析。同时,仪器分析还承担复杂样品组分的分离任务。

　　化学分析是以被测物质的化学反应为基础的分析方法,如质量分析法和滴定分析法等。用于分析物质的组成和含量,一般用于常量或半微量分析。

　　仪器分析用于试样组分分析,具有操作简便且快速等特点。特别是对于低含量(微量或痕量,$10^{-13} \sim 10^{-8}$数量级)组分的测定,更是有令人惊叹的独特之处,而这样的样品若用化学方法来测定常常是徒劳的。另外,绝大多数分析仪器都是将待测物质浓度的变化或物理性质的变化转变成易于测量的电性能(如电阻、电导、电位、电流等)。因此,仪器分析法容易实现自动化和智能化,减少繁杂的手工操作。仪器分析除了能完成定性和定量分析任务外,还能提供化学分析法难以提供的信息,如物质的结构、元素的价态及分布、同位素等。仪器分析具有选择性好、灵敏度高、样品用量少(微升、微克级)、分离效率高(毛细管气相色谱能在 30 min 内完成多达 100 种样品组分的分离)、检测范围广(高效液相色谱能分析 80% 有机物,电感耦合等离子体质谱能同时分析 70 多种不同含量的元素等)等,具有化学分析不能比拟的优点。当然仪器分析也有它的不足之处。对于常量或高含量组分分析的准确度甚至没有化学分析高。另外,在进行仪器分析之前,常需要用化学的方法对试样进行预处理(如分离、富集除去干扰物质等)。同时,进行仪器分析时,一般都要使用标准物质进行定性/定量工作曲线校准。

仪器分析与化学分析是密不可分的,许多仪器分析方法中的试样处理和结果计算都离不开化学分析方法。随着科学技术的发展,化学分析方法也逐步实现仪器化和自动化。化学分析方法和仪器分析方法是相辅相成的,在使用时应根据具体情况,取长补短,互相配合。

任务 1.2　仪器分析方法的分类与特点

仪器分析法根据物质的物理和化学性质所产生的可测量信号的不同,分为若干类。通常可分为电化学分析法、光学分析法、色谱分析法、质谱分析法和中子活化分析法等,详见表 1.1。

表 1.1　仪器分析方法分类

方法分类	被测物质性质	分析方法(部分)
电化学分析法	电位	电位分析法
	电流	伏安分析法、极谱分析法
	电导	电导分析法
	电量	库仑分析法
光学分析法	辐射的发射	原子发射光谱法(AES)、原子荧光光谱法(AFS)、火焰光度法等
	辐射的吸收	原子吸收光谱法(AAS)、红外吸收光谱法(IR)、紫外-可见吸收光谱法(UV-VIS)、核磁共振波谱法(NMR)等
	辐射的散射	浊度法、拉曼光谱法
	辐射的衍射	X 射线衍射法、电子衍射法
	辐射的折射	折射法、干涉法
色谱分析法	两相间的分配	气相色谱法(GC)、高效液相色谱法(HPLC)、离子色谱法
其他分析法	质荷比	质谱分析法(MS)
	核性质	中子活化分析法

1.2.1　电化学分析法

根据待测物质在溶液中的电化学性质及其变化来进行分析的一类仪器分析方法,称为电化学分析法。电化学分析法通常是将待测溶液接入化学电池(电解池或原电池)中,测定该电池的某些物理量(如电导、电位、电流或电量等电信号),并将所测定的数据换算成待测物的组成或含量。根据所测的物理量不同可分为电导分析法、电位分析法、电解和库仑分析法以及极谱和伏安分析法等。

1.2.2 光学分析法

光学分析法是利用待测组分的光学性质进行分析测定的一类仪器分析方法。通常分为非光谱法和光谱法两类。

非光谱仅通过测量电磁辐射的某些基本性质（如反射、折射、干涉、衍射和偏振等）变化的分析方法，称为非光谱法。属于这类方法的有折射分析法、干涉分析法、旋光分析法、X射线衍射法和电子衍射法等。

光谱法是基于光的吸收、发射和拉曼散射等作用，物质吸收外界能量时，物质的原子或分子内部发生能级之间的跃迁，产生发射光谱或吸收光谱，根据物质的发射光或吸收光的波长与强度进行定性分析、定量分析、结构分析等。例如，紫外-可见分光光度法、红外吸收光谱法、分子荧光光谱法、原子吸收光谱法、原子发射光谱法、核磁共振波谱法、激光拉曼光谱法等都属于这一类。

1.2.3 色谱分析法

色谱分析法是根据混合物各组分在互不相溶的两相中，吸附能力或其他亲合作用性能的差异在流动相和固定相之间反复进行多次分配从而进行分离，再依据保留峰的位置和面积进行定性和定量分析。目前广泛使用的有气相色谱法、高效液相色谱法和离子色谱法。近年来，发展了许多新的色谱技术，如临界流体色谱法、毛细管电泳和毛细管电色谱法等。

1.2.4 质谱分析法

质谱分析法是通过对被测样品离子的质荷比的测定来进行分析的一种分析方法。它使试样中各组分电离生成不同荷质比的离子，经加速电场的作用形成离子束，进入质量分析器，然后利用不同离子在电场或磁场的不同运动行为，把离子按质荷比（m/z）分开，并以谱图形式记录下来而得到质谱图，通过样品的质谱图和相关信息，确定待测物的组成和结构，是研究有机化合物结构的有力工具。

1.2.5 热分析法

热分析法是依据物质的质量、体积、热导、反应热等性质与温度之间的动态关系来进行分析的方法。热分析法可用于成分分析，但更多地用于热力学、动力学和化学反应机理等方面的研究。热重法、差热分析法以及示差扫描量热法是主要的热分析方法。

1.2.6 其他

除上述各类方法外，还有依据物质的放射性辐射来进行分析的放射分析法。它包括同位素稀释法、中子活化分析法、分析技术连用等。

尽管仪器分析方法种类繁多,但各仪器分析方法有着共同的特点:

①灵敏度高、检出限低。

②选择性好。

③操作简单,分析速度快,易实现自动化。

④相对误差较大,一般适用于微量和痕量组分的测定。对于含量在 0.01%～1% 的微量组分和含量小于 0.01% 的痕量分析比化学分析方法准确得多。对于含量大于 1% 的常量组分分析不如化学分析法准确。

⑤仪器设备较复杂,价格较昂贵。

任务 1.3   仪器分析在医药领域的应用

目前,仪器分析在食品安全检测、水质分析、医药研究、日常生活等方面的应用越来越广泛,尤其是在医药领域。药物分析学科设计范围广泛,包括药物质量控制、新药研制、临床药学、毒理分析、兴奋剂检测和中草药检验等。可以说,没有药物分析的同步发展,就谈不上药学领域其他学科的突飞猛进。因此,在信息时代来临的今天,中国药学事业若要有长足的发展,就必须在药物分析领域紧紧跟上发展步伐,争取带动和促进相关学科的巨变。药物分析的技术手段选择取决于仪器分析方法的先进性。仪器分析在医学领域的重要性日益突出。下面将有关仪器分析方法在医药领域的应用与展望简述如下。

1.3.1   光谱分析法在医药领域的应用

在医药领域中,现常用的光谱分析法有紫外分光光度法(UV)、红外光谱法(IR)、荧光光度法、原子吸收法和 X 射线原子荧光法、质子荧光法、共振电离光谱法等。其中 UV 主要用于药物制剂的含量测定、均匀度或溶出度检查,为《中华人民共和国药典》仪器分析方法中应用频率最高的一种方法。IR 则是有机原料药最有效的鉴别方法,可进行有机结构的"指纹"分析。2015 年版《中华人民共和国药典》有 444 个品种用 IR 鉴别。另外,导数、差示、系数倍率、三波长、正交函数等分光光度法在一定程度上可消除杂质干扰,减少分离步骤。光谱分析的发展前景首先是多种方法的联用,以提高灵敏度和减少干扰。如傅立叶变换红外光谱(FT-IR)和色谱/质谱/计算机联用,能用于有机药物结构的快速准确分析。其次,强激光源和同步加速辐射源的使用,可使光谱灵敏度增加几个数量级。如激光诱导荧光光谱的灵敏度已达 10^{-22} g,达到了检测单个分子的水平,可用于癌症的早期诊断。

1.3.2   色谱分析法在医药领域的应用

色谱分析法既是分析方法,也是一项优良的分离手段。它是基于不同物质在两相(流动相和固定相)运动中具有不同分配系数,两相的多次分配可造成不同物质分离,再加上检测系统所构成的独立的分析体系。包括气相色谱(GC)、毛细管电泳色谱(CZE)、高效液相色谱

（HPLC）、手性色谱、超临界流体色谱（SFC）、电色谱等。其中HPLC技术在药物分析中占有重要地位,日益普及,在《中华人民共和国药典》分析中仅次于分光光度法。对于含有挥发性成分的中草药,GC有独到的作用。而CZE是近十年来快速发展的一种分离分析技术,它以高效、快速、分析对象广、消耗少等特点引人关注,应用前景十分可观。其他如SFC对大分子量、不易挥发、热不稳定性药物的分析,也有很好的应用价值。总之,从色谱分析方法方向来看,第一是色谱与其他分析方法的联用,以提高灵敏度、准确度和多组分分析能力。如GC-MS、LC-MS、GC-FT/IR、GC/IR/MS等,甚至发展为与核磁共振（NMR）联用、电化学联用等。第二是发展大分子分离/分析方法。直径大到 $0.01 \sim 1~\mu m$ 的大分子和胶体粒子用传统色谱法难以分离/分析,近年来以利用不同物质的质量、扩散系数、电荷密度和热扩散速率等性质不同,在一个特定螺纹流动通道中扩散,加上在热、电场、磁场等外场作用下,使不同粒子产生移动速度差异而达到分离目的为基础发展起来的一种场流分级分离方法（FFF）令人瞩目,可以为中药复方制剂的研究分析带来突破性进展。

1.3.3 质谱分析（MS）法在医学领域的应用

虽然MS法从本质上来说属于纯物理的方法,但其以高灵敏度、特异性和高速等特点在药物分析领域有较广泛的应用,特别是与其他分析仪器、计算机联用,能解决大量的药物分析问题。如质谱联用作为鉴别方法,能确定有机化合物大量的结构信息。串联MS,一台作为分离装置,一台作为分析装置,使多组分药物处方分离/分析集成于一套分析体系中,能够提供多种扫描方式,发展二维质谱分析方法。因此,MS联用,包括与色谱联用形成多维色谱,如LC/LC/MS、LC/LC/LC/MS/MS等用于药物的结构测定,并使整个操作完全自动化,是今后的发展方向之一。另外,LC/MS及多级质谱串联,GC/MC等分离测定仪器的联用,在药物代谢研究、痕量物质测定方面都大大简化了前处理、净化和富集过程,而且可测定 10^{-12} g 甚至 10^{-15} g 的成分。

1.3.4 电化学分析法在医学领域的应用

利用电化学分析原理来测定的最常见的仪器是酸度计,即采用电势测量法。在与电极接触的含不同物质溶液中如有还原性离子或离子团,电流就会按等级增加的原理上发展起来的极谱分析法已经成为电化学分析中的一项最为重要的分析方法,并且由此衍生出一系列应用方法。如导数差示脉冲谱法（DDPP）现已运用于抗生素、维生素、激素及中草药有效成分等多种药物的定性与定量分析中。尤其是这项技术与其他技术的联用,加上计算机技术,可大大提高灵敏度,拓展其应用范围。如利用脉冲伏安技术可使灵敏度提高到 10^{-12} 摩尔数量级。另外,电化学分析法在化学传感器、离子选择性电极和生物传感器方面的应用近年来已成定势。在生命科学活体分析中,微电极技术应用也颇具前景。

此外,核磁共振（NMR）技术所提供的结构信息的数量和复杂性呈几何级数增加,因其对分析药物分子结构特征和动态特征有独特的价值而应用于生物工程领域。放射化分析其灵敏度高和能量特定,可在分析样品时不需纯化而直接测定混合物中某一待测元素。总之,仪器数字化加操作方法智能化是现代药物分析领域的发展趋势。

任务 1.4　仪器分析的发展趋势

随着科学技术的发展,特别是对生命科学,环境科学和材料科学等领域的深入研究,对仪器分析提出了更为苛刻的要求。为了适应科学发展的需要,仪器分析的发展将呈现以下趋势:

1)新仪器、新分析方法不断涌现

现代最新科学技术如激光、等离子体、纳米、计算机等先进技术都将引入仪器分析中,研制和开发出更多更先进的分析仪器。

2)自动化程度越来越高

目前,发达国家推出的分析仪器一个共同特点就是微机化和自动化。如顶空-气相色谱-质谱联用仪(HS-GC-MS),可直接测定固态,液态或气态样品中挥发组分的含量,无须做样品前处理。

3)多种分析方法相互渗透,多种仪器联机使用

如气相色谱仪、高效液相色谱仪具有高分离效能,红外光谱仪、质谱仪具有高的定性和确定结构效能,而多功能自动进样器具有自动进行样品前处理[顶空、SPME(固相微萃取)、SPE(固相萃取)]和自动进样功能。将三者相结合的仪器目前有多功能自动进样-气相色谱-质谱联用仪(HT280T-GG-MS)、多功能自动进样-液相色谱-质谱联用仪(HT280T-LC-MS)、固相微萃取-气相色谱-傅立叶变换红外光谱联用仪(SPME-GC-FTIR)等。

4)分析的灵敏度和精度越来越高

痕量($10^{-9} \sim 10^{-6}$)和超痕量($10^{-13} \sim 10^{-9}$)分析日益发展,分析灵敏度和精度不断提高。如质谱分析的绝对灵敏度达 10^{-14} g;电子光谱的灵敏度达 10^{-18} g。

5)新型动态分析仪器大量涌现

由于离线分析检测不能瞬时、直接、准确地反映生产实际和生命环境的真实情况,不能及时控制生产、生态和生物过程。运用先进的技术和分析原理,研制开发实时、在线具有高灵敏度和高选择性的新型动态分析仪器,将是今后仪器分析发展的主流。如目前出现的生物酶传感器、DNA 传感器及纳米传感器等,为活体生物体分析带来新的机遇。

总之,仪器分析正在向快速、准确、全自动、高灵敏度和新型动态分析的方向迅速发展。

 思考与练习

1.什么是仪器分析?

2.仪器分析与化学分析的关系是什么?

3.常用仪器分析方法有哪些?

4.仪器分析的特点有哪些?

项目 2　紫外-可见分光光度法

　　紫外-可见分光光度法是在 190~800 nm 波长内测定物质的吸光度,用于物质鉴别、杂质检查和定量测定的方法。当光穿过被测物质溶液时,物质对光的吸收程度随光的波长不同而变化。因此,通过测定物质在不同波长处的吸光度,并绘制其吸光度与波长的关系图即得被测物质的吸收光谱。从吸收光谱中,可以确定最大吸收波长 λ_{max} 和最小吸收波长 λ_{min}。物质的吸收光谱具有与其结构相关的特征性。因此,可以通过特定波长范围内样品的光谱与对照光谱比较,或通过确定最大吸收波长,或通过测量两个特定波长处的吸收比值而鉴别物质。用于定量时,在最大吸收波长处测量一定浓度样品溶液的吸光度,并与一定浓度的对照溶液的吸光度进行比较或采用吸收系数法求算出样品溶液的浓度,常见的紫外-可见分光光度计如图 2.1 所示。该法使用的仪器设备简单、操作简便,具有较高的灵敏度和准确度,广泛应用于无机和有机物质的定性和定量分析。

图 2.1　尤尼柯 UV4802S 紫外-可见分光光度计

任务 2.1 基本原理

光谱法(Spectrometry)是基于物质与电磁辐射作用时,测量由物质内部发生量子化的能级跃迁而产生的发射、吸收或散射辐射的波长和强度进行分析的方法。光谱法可分为发射光谱法、吸收光谱法、散射光谱法;或分为原子光谱法和分子光谱法;或分为能级谱,电子、振动、转动光谱,电子自旋及核自旋谱等。

2.1.1 光的基本特性

(1)光的波动性

光具有波动性,光的折射、衍射和干涉等现象说明了这一点。光是一种电磁波,与其他波(如声波)不同,电磁波不需要传播介质,可以在真空中传播,传播速度 $c = 2.998 \times 10^{10}$ cm/s(约等于 3×10^{10} cm/s)。

描述波动性的重要参数是波长 λ(m,cm,μm,nm 等)和频率 ν(Hz),它们与光速 c 的关系为:

$$\lambda \nu = c$$

电磁波按波长的长短排列,可得表 2.1 所示的电磁波谱表。

表 2.1 电磁波谱表

光谱名称	X 射线	紫外光	可见光	红外光	微波	无线电波
波长范围	0.01~10 nm	10~380 nm	380~780 nm	$7.8 \times 10^{-7} \sim 1 \times 10^{-3}$ m	0.1~100 cm	$1 \times 10^{-3} \sim 3\ 000$ m

(2)光的粒子性

光具有粒子性,光电效应可以证明这一点。光是由光电子(或光量子)组成,光子具有能量,其能量大小与光的频率或波长有关,它们之间的关系为:

$$E = h\nu = h\frac{c}{\lambda}$$

式中 E——能量,单位为焦耳,J;

h——普朗克常数,6.626×10^{-34} J/s。

由上式可知,λ 越小,E 越大,所以短波能量高,长波能量低。

(3)单色光、复合光和互补光

①单色光:具有同一波长(或频率)的光。

②复合光:由不同波长的光组合而成的光。

③互补光:把适当颜色的两种光按一定强度比例混合形成的白光。

纯单色光很难获得,多数光源如太阳、白炽灯等发出的光都是复合光,现代仪器是通过棱镜、光栅等手段从复合光中获得单色光。

人的眼睛对不同波长光的感觉是不一样的,凡是能被肉眼感觉到的光称为可见光,其波长范围在 380~780 nm。波长小于 380 nm 的紫外光或波长大于 780 mm 的红外光均不能被人的肉眼感觉到。在可见光范围内,不同波长的光会让人感觉出不同的颜色,如红、橙、黄、绿、青、蓝、紫等。白光属于可见光,实际上它是由红、橙、黄、绿、青、蓝、紫等颜色光复合而成的。日常生活中,雨后的彩虹就是很好的说明。

2.1.2 物质对光的选择性吸收

单色光辐射穿过被测物质溶液时,在一定的浓度范围内被该物质吸收的量与该物质的浓度和液层的厚度(光路长度)成正比。其关系可以用朗伯-比尔定律(Lambert-Beer Law)表示为:

$$A = \lg \frac{1}{T} = E \cdot c \cdot l$$

式中 A——吸光度;

   T——透光率;

   E——吸收系数,其物理意义为当溶液浓度为 1%(g/mL),液层厚度为 1 cm 时的吸光度数值;

   c——100 mL 溶液中所含物质的质量(按干燥品或无水物计算),g;

   l——液层厚度,cm。

(1)分子运动及其能级跃迁

物质总是在不断运动着,而构成物质的分子及原子具有一定的运动方式。分子内部运动方式有 3 种:

①电子运动:分子内电子相对原子核的运动。

②分子振动:分子内原子在其平衡位置上的振动。

③分子转动:分子本身绕其重心的转动。

分子以不同方式运动时所具有的能量也不同,这样分子就有 3 种不同的能级,即电子能级、振动能级和转动能级。

(2)分子吸收光谱的产生

通常物质分子处于稳定状态(基态),其内能 E 是它的转动能 $E_{能}$、振动能 $E_{振}$ 和电子能 $E_{电子}$ 之和,即:

$$E = E_{能} + E_{振} + E_{电子}$$

当物质受光照射时,物质分子吸收光能,由基态转化为激发态,其内能变化为:

$$\Delta E = \Delta E_{能} + \Delta E_{振} + \Delta E_{电子}$$

由于各种分子运动所处的能级和产生能级跃迁时的能量变化是量子化的,因此只有当光子的能量 $E_{光子}$ 满足条件:

$$E_{光子} = h\nu = \frac{hc}{\lambda} = \Delta E$$

或

$$\lambda = \frac{hc}{\Delta E}$$

物质才能吸收该辐射能,引起分子转动、振动或电子跃迁,同时产生 3 种吸收光谱。

在分子能量变化中,转动能级 $\Delta E_能$ 最小,一般小于 0.05 eV,因此分子转能级产生的转动光谱处于远红外和微波区;振动能级 $\Delta E_振$ 比转动能级 $\Delta E_能$ 大得多,一般为 0.05~1 eV,因此分子振动所需能量较大,其能级跃迁产生的振动光谱于近红外和中红外区;分子中原子价电子的跃迁所需的能量 $\Delta E_{电子}$ 比分子振动所需的能量大得多,一般为 1~20 eV,因此分子中电子跃迁产生的电子光谱处于紫外和可见光区。

由于 $\Delta E_{电子} > \Delta E_振 > \Delta E_能$,在电子能级跃迁的同时,总伴随有振动能级和转动能级跃迁,所以分子光谱是由密集谱线组成的带光谱,而不是"线"光谱。

不同物质由于分子结构不同,分子的能级也是千差万别,这就决定了它们对不同波长光的选择性吸收。

2.1.3 透光率和吸光度

当同一束平行光通过均匀的溶液介质时,光的一部分被吸收,一部分透过溶液,一部分被器皿反射。假设入射光强度为 I_0,吸收光强度为 I_a,透射光强度为 I_t,反射光强度为 I_F,则:

$$I_0 = I_a + I_t + I_F$$

在进行吸收光谱分析中,先用参比溶液调节仪器的零吸收点,再测被测溶液的透色光透射光强度,所以反射光的影响可从参比溶液中消除。上式可以简写为:

$$I_0 = I_a + I_t$$

透射光强度与入射光强度之比定义为透光率或透射比,用 T 表示。

$$T = \frac{I_t}{I_0}$$

为了更明确地表示物质对光的吸收程度,常用吸光度 A 表示,其定义为:

$$A = -\lg T = \lg \frac{I_0}{I_t}$$

A 值越大,表明物质对光吸收越强。T 及 A 都是表示物质对光吸收程度的一种量度,其中 T 常用百分数表示。

任务 2.2　光的吸收定律

2.2.1 光的吸收定律

1) 朗伯-比尔定律

朗伯和比尔分别于 1760 年和 1852 年研究了吸光度 A 与液层厚度 l 和溶液浓度 c 的定量关系,总结得出光的吸收定律,即朗伯-比尔定律

$$A = K \cdot c \cdot l$$

式中　　A ——吸光度;

c ——溶液浓度；

l ——液层厚度；

K ——吸光系数，与入射光波长、溶液的性质、温度等因素有关。

（1）定律含义

当一束平行单色光垂直通过均匀、非散射的吸光物质溶液时，在入射光的波长、强度以及溶液温度等保持不变的条件下，其吸光度 A 与溶液浓度 c 及液层厚度 l 的乘积成正比。

（2）适用范围

适用于物质对紫外光、可见光和红外光的吸收；适用于均匀、无散射的溶液、固体和气体。对溶液一般只适用于浓度较低的稀溶液。

（3）吸光度具有加和性

当溶液中同时存在多种吸光物质时，则实际测得的吸光度是几种物质的吸光度之和，即

$$A = A_1 + A_2 + A_3 + \cdots + A_n$$

2）吸光系数

朗伯-比尔定律中的比例系数"K"的物理意义：吸光物质在单位浓度、单位厚度时的吸光度。吸光系数是物质的特性常数，表明物质对某一特定波长光的吸收能力，K 越大，则物质的吸光能力越强。因溶液浓度所取单位不同，K 常有两种表示方法：

（1）摩尔吸光系数（ε）

当浓度 c 的单位为 mol/L、液层厚度 l 用 cm 为单位时，K 用 ε 表示，称为摩尔吸光系数，其单位为（$mol \cdot L^{-1}$）/cm。其表示浓度为 1 mol/L，液层厚度为 1 cm 的溶液，在一定波长下的吸光度。这时朗伯-比尔定律变为：

$$A = \varepsilon \cdot c \cdot l$$

（2）百分吸光系数（$E_{1cm}^{1\%}$）

百分吸光系数也称为比吸光系数，指浓度 c 为 1%（1 g/100 mL），液层厚度 l 为 1 cm 的溶液的吸光度，用 $E_{1cm}^{1\%}$ 表示，单位为 100（$mL \cdot g^{-1}$）/cm。这时朗伯-比尔定律变为：

$$A = E_{1cm}^{1\%} \cdot c \cdot l$$

摩尔吸光系数与百分吸光系数之间的关系为：

$$\varepsilon = E_{1cm}^{1\%} \cdot \frac{M}{10}$$

一定条件下吸光系数是一个特征常数，在温度和波长等条件一定时，吸光系数仅与物质本身的性质有关，与待测物浓度 c 和液层厚度 l 无关，是进行定性和定量分析的依据。同一物质在不同波长时 ε 值不同。不同物质在同一波长时 ε 值不同。

吸光系数不能直接测得，一般用分光光度计测出已知物质浓度溶液的吸光度后，再根据朗伯-比尔定律计算出该物质的吸光系数。ε 一般不超过 10^5 数量级，通常认为，$\varepsilon > 10^4$ 为强吸收；$\varepsilon < 10^2$ 为弱吸收；$10^2 < \varepsilon < 10^4$ 为中强吸收。

【案例2.1】　用氯霉素（相对分子质量 M 为 323.15）纯品配制 100 mL 含 2.00 mg 的溶液，使用 1 cm 的吸收池，在波长为 278 nm 处测得透光率为 24.3%，试计算氯霉素在 278 nm 波长处的摩尔吸光系数和百分吸光系数。

解：$A = -\lg T = -\lg 0.243 = 0.614$

$$E_{1 \text{ cm}}^{1\%} = \frac{A}{c \cdot l} = 0.614 \div (2 \times 10^{-3} \times 1) = 307$$

$$\varepsilon = E_{1 \text{ cm}}^{1\%} \cdot \frac{M}{10} = 307 \times (323.15 \div 10) = 9\,920$$

3）影响朗伯-比尔定律的因素

根据朗伯-比尔定律，对于同一种物质，当吸收池的厚度一定，以吸光度对浓度作图时，应得到一条通过原点的直线。但在实际工作中，吸光度与浓度之间的线性关系常常发生偏离，产生正偏差或负偏差，如图 2.2 所示。偏离朗伯-比尔定律的主要原因有以下 4 种：

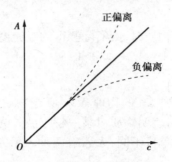

图 2.2　朗伯-比尔定律的偏差

（1）溶液浓度

朗伯-比尔定律，只有在稀溶液中才能成立。在高浓度（通常 $c > 0.01$ mol/L）时，吸光质点之间的平均距离缩小到一定程度，邻近质点彼此的电荷分布都会相互受到影响，此影响能改变它们对特定辐射的吸收能力，从而导致 A 与 c 线性关系发生偏差。

（2）化学因素

溶液中吸光物质常因离解、缔合、配位、互变异构以及与溶剂作用等化学变化而改变其浓度，因而导致偏离朗伯-比尔定律。

（3）仪器因素

朗伯-比尔定律成立的前提是"单色光"，实际上真正的单色光难以得到。单色光仅是一种理想情况，即使用棱镜或光栅等所得到的单色光，实际上也是有一定波长范围的光谱带。

单色光的纯度与狭缝宽度有关，狭缝越窄，它所包含的波长范围也越窄。由于吸光物质对不同波长光的吸收能力不同（ε 不同），就导致偏离朗伯-比尔定律。

（4）其他因素

被测样品是非均相体系，入射光经过不均匀的样品时，会有一部分光因发生散射而损失，从而使透光强度减小，致使偏离朗伯-比尔定律。入射光是非平行光，也能导致偏离朗伯-比尔定律。

综上所述，利用朗伯-比尔定律进行测定时，应使用平行的单色光，对浓度较低的均匀、无散射、具有恒定化学环境的待测样品溶液进行分析。

2.2.2　紫外-可见吸收光谱

在溶液浓度和液层厚度一定的条件下，在紫外-可见光区将不同波长单色光依次通过被测溶液,测得不同波长下的吸光度,以波长 λ 为横坐标,以吸光度 A 为纵坐标作图,得到光吸收程度随波长变化的关系曲线,即吸收曲线,又称吸收光谱,如图2.3所示。

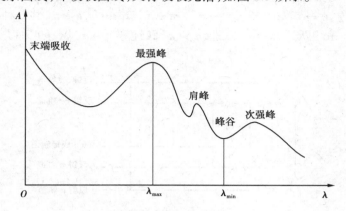

图 2.3　吸收光谱示意图

①吸收峰:一定浓度的溶液对不同波长光的吸收程度不同,在吸收曲线中吸收最大且比左右相邻都高之处,称为吸收峰,对应的波长为最大吸收波长,用 λ_{max} 表示。

②吸收谷:峰与峰之间且比左右相邻都低之处,其对应波长用 λ_{min} 表示。

③肩峰:在最大吸收峰旁曲折处的峰。

④末端吸收:在吸收光谱中曲线波长最短,呈现出强吸收,吸光度大但不成峰形的部分。

分析物质的吸收光谱会发现:

①同一物质对不同波长的吸光度不同。

②同一物质不同浓度,其吸收曲线形状相似,λ_{max} 相同,但在同一波长处的吸光度随溶液浓度降低而减小。这是利用吸收光谱进行定量分析的依据。

③不同物质相同浓度,其吸收曲线形状不同,λ_{max} 不同,λ_{max} 与物质的性质有关。这是利用吸收光谱进行定性分析的依据。

任务 2.3　有机化合物紫外-可见吸收光谱的产生

2.3.1　有机化合物紫外-可见吸收光谱的产生

有机化合物的紫外-可见吸收光谱是由分子中的价电子能级跃迁产生的。分子中的价电子有 3 种类型,即形成单键的 σ 电子、形成双键的 π 电子和未成键的 n 电子。如甲醛分子

$$H-C=O:-n$$
$$\sigma \quad | \quad \pi$$
$$H$$

电子围绕分子或原子运动的概率分布称为轨道。不同轨道上的电子所具有的能量不同,根据分子轨道理论,σ 和 π 电子所占的轨道称成键轨道,n 为非成键轨道。当化合物分子吸收光辐射后,这些价电子跃迁到较高能量的轨道,称为 σ^{*}、π^{*} 反键轨道,它们的能级高低依次为

$\sigma < \pi < n < \pi^* < \sigma^*$。当分子吸收一定能量的光辐射时,分子内的 σ 电子、π 电子或 n 电子将由较低能级跃迁到较高能级,即由成键轨道或 n 非成键轨道跃迁到反成键轨道中(如图 2.4 所示)。3 种价电子可能产生 $\sigma \rightarrow \sigma^*$,$\sigma \rightarrow \pi^*$,$\pi \rightarrow \pi^*$,$\pi \rightarrow \sigma^*$,$n \rightarrow \sigma^*$,$n \rightarrow \pi^*$ 共 6 种形式电子跃迁,其中较为常见的是 $\sigma \rightarrow \sigma^*$ 跃迁,$n \rightarrow \sigma^*$ 跃迁,$\pi \rightarrow \pi^*$ 跃迁和 $n \rightarrow \pi^*$ 跃迁 4 种类型,这些跃迁所需的能量大小为:

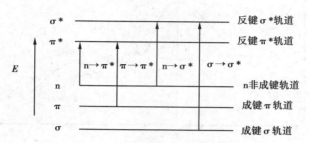

图 2.4　分子轨道能级图及电子跃迁形式

①$\sigma \rightarrow \sigma^*$ 跃迁:这是所有有机化合物都可以发生的跃迁类型。实现 $\sigma \rightarrow \sigma^*$ 跃迁所需的能量在所有跃迁类型中最大,因而所吸收的辐射波长最短,处在小于 200 nm 的远紫外区。如甲烷的 λ_{max} 为 125 nm,乙烷的 λ_{max} 为 135 nm。

②$n \rightarrow \sigma^*$ 跃迁:含有 O、N、S、P、卤素等杂原子的有机化合物都会发生这类跃迁。$n \rightarrow \sigma^*$ 跃迁所需的能量比 $\sigma \rightarrow \sigma^*$ 跃迁小,因此,吸收波长会长一些,一般在 170~200 nm。如饱和脂肪族醇或醚的 λ_{max} 在 180~185 nm。

③$\pi \rightarrow \pi^*$ 跃迁:分子中含有不饱和键的有机化合物都会发生此类跃迁。$\pi \rightarrow \pi^*$ 跃迁所需能量比 $\sigma \rightarrow \sigma^*$、$n \rightarrow \sigma^*$ 跃迁都小,所以吸收波长较大,一般在 200 nm 附近。$\pi \rightarrow \pi^*$ 跃迁的吸收峰多为强吸收,其 ε 值较大,通常情况下 $\varepsilon_{max} \geq 1.0 \times 10^4$ L/(mol·cm)。

④$n \rightarrow \pi^*$ 跃迁:分子中含有孤对电子的原子和 π 键共存并共轭时(如含—C≡O、—NO₂ 等),会发生 $n \rightarrow \pi^*$ 跃迁。这类跃迁的吸收波长大于 200 nm,但吸收强度弱,ε_{max} 一般低于 100 L/(mol·cm)。

一般紫外-可见分光光度计只能提供波长在 190~1 000 nm 的单色光,因此只能测量 $n \rightarrow \sigma^*$ 和 $n \rightarrow \pi^*$ 跃迁以及部分 $\pi \rightarrow \pi^*$ 跃迁的吸收。

2.3.2　常用术语

(1)生色团和助色团

通常把含有 π 键的结构单元称为生色团,如—C≡C≡、—C≡O、—N≡N—、—C≡N、—C≡C—等。把含有未共用电子对的杂原子基团称为助色团,如—NH₂、—OH、—NR₂、—OR、—SH、—Cl、—Br 等。助色团本身没有生色功能,不能吸收 $\lambda > 200$ nm 的光,但它们与生色团相连时,基团中的 n 电子能与生色团中的 π 电子发生 n-π 共轭作用,使 $\pi \rightarrow \pi^*$ 跃迁能量降低,跃迁概率变大,从而增强生色团的生色能力,使吸收波长向长波方向移动,且吸收强度增大。

(2)红移和蓝移

使化合物的吸收峰向长波长方向移动的现象称为红移。不饱和键之间共轭效应、引入助色团或改变溶剂的极性,都会引起红移现象。

使化合物的吸收峰向短波长方向移动的现象称为蓝移(或紫移)。如改变溶剂的极性会引起蓝移现象。

任务 2.4 　紫外-可见分光光度计

2.4.1 　基本结构与工作原理

在紫外和可见光区用于测定溶液吸光度的分析仪器称为紫外-可见分光光度计,简称分光光度计。目前,紫外-可见分光光度计的型号很多,但基本结构都由光源、单色器、吸收池、检测器和信号显示系统 5 部分组成,结构框图如图 2.5 所示。

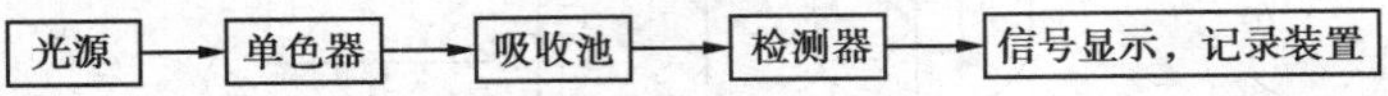

光源 → 单色器 → 吸收池 → 检测器 → 信号显示,记录装置

图 2.5　分光光度计基本结构框图

1) 光源

光源的作用是提供符合要求的入射光。分光光度计对光源的要求:在使用波长范围内提供连续的光谱,光强度足够大,有良好的稳定性,使用寿命长。分光光度计中常用的光源有两类:热辐射光源和气体放电光源。热辐射光源发射波 320 ~ 3 200 nm(使用波长范围 320 ~ 1 000 nm)的连续光谱,用于可见光区,如钨灯和卤钨灯;气体放电光源发射波长 160 ~ 375 nm(使用波长范围 185 ~ 375 nm)的连续光谱,用于紫外光区,如氢灯和氘灯。可见分光光度计(如 721 型)只需安装可见光源(钨灯),紫外-可见分光光度计需要同时安装可见光源(钨灯)和紫外光源(氘灯)。

2) 单色器

单色器是将光源发出的连续光谱分解成单色光的光学装置。它是分光光度计的核心部件,其性能直接影响入射光的单色性,从而影响测定的灵敏度、选择性和准确度。单色器主要由狭缝、色散元件和透镜系统组成,其核心部分是起分光作用的色散元性,包括棱镜和光栅两种。狭缝在决定单色器的性能上起着重要作用,狭缝宽度过大时,谱带宽度过大,入射光单色性差,狭缝宽度过小时,又会减弱光强度。

3) 吸收池

吸收池又称比色皿,是用于盛放待测样品溶液的器皿。一般为长方体,其底及两侧为毛玻璃,另两面为光学透光面。根据光学透光面的材质,吸收池分为玻璃吸收池和石英吸收池两种。玻璃吸收池只能用于可见光区,石英吸收池可用于可见光区和紫外光区。分光光度计常用的吸收池规格有 0.5 cm、1 cm、2 cm 和 3 cm 等,使用时根据需要选择。由于吸收池透光面的光学特性及光程长度上的差异性,即使相同规格的吸收池,测量同一浓度的溶液往往吸光值也不同。因此,吸收池要配套使用并在使用前对其进行校正。

4) 检测器

检测器是一种光学转化元件,其作用是将透过吸收池的光强度信号变成电信号并进行测量。检测器应具有灵敏度高、响应速度快、线性范围宽、低噪声及稳定性好等特征。目前分光光度计常用的检测器是光电管和光电倍增管。

（1）光电管

光电管是一个真空二极管。阳极为金属丝，阴极是金属做成的半圆筒（图2.6），内侧涂有光敏物质。当光照到阴极的光敏材料时，阴极发射出电子，被阳极收集而产生电流。光敏物质有红敏和紫敏两种。红敏光电管阴极表面涂有银和氧化铯，适用范围为 $625 \sim 1\ 000$ nm；紫敏光电管是阴极表面涂有锑和铯，适用波长为 $200 \sim 625$ nm。光电管具有灵敏度高、响应速度快、光敏范围宽及不易疲劳等优点。

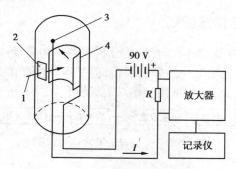

图2.6 光电管示意图
1—入射光；2—石英窗；3—阳极；4—阴极

（2）光电倍增管

光电倍增管是利用二次电子发射放大光电流的一种真空光敏器件。它由一个光电发射阴极，一个阳极以及若干级倍增极所组成。图2.7所示为光电倍增管的结构和原理示意图。

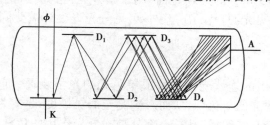

图2.7 光电倍增管的结构和原理示意图
K—光敏阴极；$D_1 \sim D_4$—倍增极；A—阳极

当阴极K受到光撞击时，发出光电子，K释放的一次光电子再撞击倍增极，就可产生增加了若干倍的二次光电子，二次光电子再与下一级倍增极撞击，电子数依次倍增，最后一次倍增极上产生的光电子比最初阴极放出的光电子多达 10^9 倍。这些倍增的光电子射向阳极A形成电流。阳极电流与入射光强度及光电倍增管的增益成正比，改变光电倍增管的工作电压，可改变其增益。

5）信号显示系统

信号显示系统的作用是把放大了的电信号以适当的方式显示或记录下来。分光光度计常用的信号显示装置有直流检流计、电位调零装置、数字显示及自动记录装置等。较先进的分光光度计配有计算机，一方面可以对仪器进行控制，另一方面可以进行图谱储存和数据处理。

2.4.2　常见类型

紫外-可见分光光度计的类型有很多,根据仪器结构可分为单光束分光光度计、双光束分光光度计和双波长分光光度计3种,其中单光束分光光度计和双光束分光光度计属于单波分光光度计。

1)单光束分光光度计

光源发出的光经过一个单色器分光后得到一束单色光,单色光轮流通过参比溶液和样品溶液,从而完成对溶液吸光度的测定,如图2.8所示。该类型仪器结构简单、价格便宜,但测量结果易受杂散光和光源波动的影响,准确度较差。常见的有751G型、752型、754型紫外-可见分光光度计,721型、722型、723型、724型可见分光光度计。

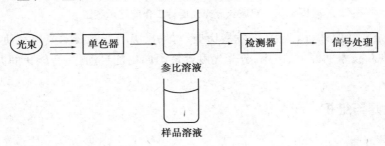

图2.8　单光束分光光度计工作流程示意图

2)双光束分光光度计

光源发出的光经过一个单色器分光后得到的单色光被切光器分为强度相等的两束光,分别通过参比溶液和样品溶液,如图2.9所示。由于两束光是同时通过参比溶液和样品溶液,因此能自动消除光源强度变化所引起的误差。该类型仪器的灵敏度好、结构复杂、价格较贵。常见的有国产 UV-2100 型、UV-730 型、UV-763 型、UV-760MC 型、UV-760CRT 型、日本岛津UV-2450型等。

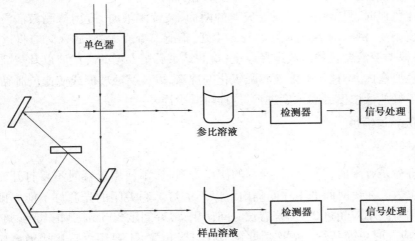

图2.9　双光束分光光度计工作流程示意图

3)双波长分光光度计

同一光源发出的光被分成两束,分别经过两个单色器,得到两束不同波长的单色光,再利用切光器使两束不同波长的单色光以一定频率交替照射同一溶液,然后再经检测和信息处理,最后得到两波长处吸光度的差值,如图 2.10 所示。双波长分光光度一定程度地消除了背景干扰及共存组分的干扰,提高了测量准确度,特别适合混合物和浑浊样品的定量分析。不足之处是价格昂贵。常见的有国产 WFZ800S、日本岛津 UV-300 型、UV-365 型等。

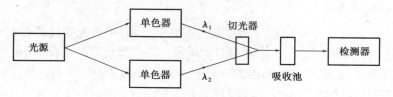

图 2.10 双波长分光光度计工作流程示意图

紫外-可见分光光度计有着悠久的发展历史,每一次吸收新的技术成果都使它焕发出新的活力。随着各种新技术的开发、应用,分光光度计逐渐向更加自动化、智能化的方向发展。

2.4.3 保养与维护

1)使用注意事项

①仪器预热后,开始测量前反复调透光率 0% 和透光率 100%;仪器连续使用不应超过 2 h,否则最好间歇 30 min 后再使用。

②实验过程中,参比溶液不要拿出样品室,可随时将其置入光路以检查吸光度零点是否有变化。若不为"0.0",则不要先调节吸光度调零钮,而应将选择开关置于"T"挡,用 100% 旋钮调至"100.0",再将选择开关置于"A",这时如不为"0.0"方可调节吸光度调零钮。

③实验过程中,若大幅度改变测试波长,需等数分钟才能正常工作(因波长大幅度改变,光能量急剧变化,光电管响应迟缓,需要响应平衡时间)。

④拿取比色皿时,只能用手提住毛玻璃的两面,装待测液时,应用待测液润洗 2~3 次,保证待测液浓度不变,倒入的溶液应在 2/3~3/4 处,不能太少或太满,放入时应将透光面对着光路;比色皿要根据溶液颜色的深浅选择厚度;检测结束后用专用的洗涤液以及蒸馏水洗净晾干并存放在比色皿盒内,不能用碱溶液和强氧化剂洗涤,以免腐蚀玻璃或使比色皿黏接处脱胶。

⑤测量最好从低浓度到高浓度进行,这样可减少误差。

2)日常保养与维护

(1)光源

光源的寿命是有限的,为了延长光源的使用寿命,在不使用仪器时不要打开光源灯,应尽量减少开关次数。在短时间的工作间隔内可以不关灯。刚关闭的光源灯不能立即重新开启。仪器连续使用时间不应超过 2 h。若需长时间使用,最好间歇 30 min。如果光源灯亮度明显减弱或不稳定,应及时更换新灯。更换后要调节好灯丝位置,不要用手直接接触窗口或灯泡,避免油污黏附。若不小心接触过,要用无水乙醇擦拭。

（2）单色器

单色器是仪器的核心部分,装在密封盒内,不能拆开。选择波长应平衡地转动,不可用力过猛。为防止色散元件受潮生霉,必须定期更换单色器盒干燥剂(硅胶)。若发现干燥剂变色,应立即更换。

（3）吸收池

必须正确使用吸收池,应特别注意保护吸收池的两个光学面。为此必须做到:

①测量时,池内盛的液体量不要太满,以防止溶液溢出而浸入仪器内部,若发现吸收池架内有溶液遗留,应立即取出清洗,并用纸吸干。

②拿取吸收池时,只能用手指接触两侧的毛玻璃,不可接触光学面。

③不能将光学面与硬物或脏物接触,只能用擦镜纸或丝绸擦拭光学面。

④含有腐蚀玻璃的物质(如 F,$SnCl_2$,H_3PO_4 等)的溶液,不得长时间盛放在吸收池中。

⑤吸收池使用后应立即用水冲洗干净,有色物污染可以用 3 mol/L HCl 和等体积乙醇的混合液浸泡洗涤。生物样品、胶体或其他在吸收池光学面上形成薄膜的物质要用适当的溶剂洗涤。

⑥不得在火焰或电炉上进行加热或烘烤吸收池。

（4）检测器

光电转换元件不能长时间曝光,且应避免强光照射和受潮、积尘。

（5）停止工作后应注意的问题

当仪器停止工作时,必须切断电源。为了避免仪器积灰和沾污,在停止工作时,应盖上防尘罩。仪器若暂时不用要定期通电,每次不少于 20 min,以保持整机的干燥状态,并且维持电子元器件的性能。

任务 2.5 紫外-可见分光光度计的应用

紫外-可见分光光度法具有灵敏度高、准确度高、选择性好、操作简便、快速安全、样品用量少等特点,在医学、药学等领域,有着很重要的用途。目前,紫外-可见分光光度法已在药物分析、含量检测等方面得到广泛的应用。在国内外的药典中,已将众多的药物紫外、可见吸收光谱的最大吸收波长和吸收系数载入其中,为药物分析提供了便捷的技术手段。紫外-可见分光光度计既可用于定性分析又可用于定量分析。

2.5.1 定性分析

1) 物质鉴别

根据物质的吸收光谱形状、吸收峰数目、吸收峰的波长位置、强度和相应的吸光系数值等进行鉴别。

（1）对比吸收光谱的一致性

当有标准化合物时,在相同条件下,测定未知物和已知标准物的吸收光谱,并进行图谱对比,如果二者的图谱完全一致,则可初步认为待测物质与标准物质是同一种化合物;当没有标准化合物时,可将未知物的吸收光谱与各国药典中收录的该药物的标准谱图进行对照比较,如果二者的图谱有差异,则二者非同一物质。

(2)对比吸收光谱特征数据

最常用于鉴别的吸收光谱特征数据有吸收峰的波长 λ_{max}、吸光系数 ε_{max}、$E_{1cm}^{1\%}$,有时也将吸收谷或肩峰值和吸收峰值的特征数据同时作为鉴别的依据。

【案例2.2】 盐酸布比卡因(原料药)鉴别方法[《中华人民共和国药典》(2015 版)]

取本品,精密称定,按干燥品计算,加 0.01 mol/L 盐酸溶液溶解并定量稀释成每 1 mL 中含 0.40 mg 的溶液,按照紫外-可见分光光度法测定,在 263 nm 与 271 nm 的波长处有最大吸收,其吸光度分别为 0.53~0.58 与 0.43~0.48。

【案例2.3】 维生素 B_1 吸收系数的测定方法[《中华人民共和国药典》(2015 版)]

取本品,精密称定,加盐酸溶液(9→1 000)溶解并定量稀释制成每 1 mL 约含 12.5 g 的溶液,按照紫外-可见分光光度法,在 246 nm 的波长处测定吸光度,百分吸光系数($E_{1cm}^{1\%}$)为 406~436。

(3)对比吸光度(或吸光系数)的比值

对比不同吸收峰(或峰与谷)处测得吸光度之间的比值。

【案例2.4】 维生素 B_{12}(原料药)鉴别方法[《中华人民共和国药典》(2015 版)]

取含量测定项下的溶液(取维生素 B_{12} 加水溶解并定量稀释,制成每 1 mL 中约含 25 μg 的溶液),按照紫外-可见分光光度法测定,在 278、361 与 550 nm 的波长处有最大吸收。361 nm 波长处的吸光度与 278 nm 波长处的吸光度的比值应为 1.70~1.88。361 nm 波长处的吸光度与 550 nm 波长处的吸光度的比值应为 3.15~3.45。

2)杂质的限量检测

在不影响药物的疗效和不产生毒性的前提下,允许药物中存在一定量的杂质,这一允许量称为杂质的限量。

(1)测定杂质的吸光度

化合物某波长处无吸收,杂质有吸收,规定测定条件下吸光度值。

【案例2.5】 肾上腺素中酮体的检查[《中华人民共和国药典》(2015 版)]

取本品,加盐酸溶液(9→2 000)制成每 1 mL 中含 2.0 mg 的溶液,按照紫外-可见分光光度法,在 310 nm 的波长处测定,吸光度不得超过 0.05。

（2）规定峰谷吸光度的比值

【案例 2.6】 碘解磷定注射液的检查［《中华人民共和国药典》(2015 版)］

分解产物避光操作。取含量测定项下的溶液［取药品，加盐酸(9→1 000)稀释制成约 12 μg/mL溶液］，在 1 h 内，按照紫外-可见分光光度法，在 294 nm 与 262 nm 的波长处分别测定吸光度，其比值应不小于 3.1。

2.5.2 定量分析

凡是在紫外或可见光区有较强吸收的物质，或者试样本身没有吸收，但可通过化学方法把它转变成在该区有一定吸收强度的物质，那么，这些物质都可进行定量分析。定量分析的依据是朗伯-比尔定律。

1) 单组分定量分析

单组分定量分析是对溶液中某一种组分定量测定的方法，要求试样中仅有单一组分，或试样中的其他组分在欲测量范围内没有吸收。有吸光系数法、标准曲线法和标准对比法，其中标准曲线法是实际工作中最常用的方法。

（1）吸光系数法

根据朗伯-比尔定律，若 L 和吸光系数 ε 或 $E_{1\,cm}^{1\%}$ 已知，即可根据测得的 A 求出被测物的浓度。

$$c = A/(\varepsilon \cdot L) \text{ 或 } c = A/(E_{1\,cm}^{1\%} \cdot L)$$

通常 ε 和 $E_{1\,cm}^{1\%}$ 可以从手册或文献中查到，这种方法也称绝对法。

【案例 2.7】 已知维生素 B_{12} 在 361 nm 处的 $E_{1\,cm}^{1\%}$ 值是 207，将配制好的维生素 B_{12} 的水溶液盛于 1 cm 吸收池中，测得溶液的吸光度为 0.414，求该溶液的浓度。

解：$c = A/(E_{1\,cm}^{1\%} \cdot L) = 0.414/(207 \times 1) = 0.02$ mg/mL

（2）标准曲线法

配制一系列已知浓度的标准溶液，在相同条件下测定其吸光度 A 值，以溶液浓度 c 为横坐标，以吸光度 A 为纵坐标，绘制 A-c 曲线，可获得一条理论上通过原点的直线，如图 2.11 所示。在相同条件下测定试样溶液的 A_x 值，从曲线上查出试样的浓度 c_x，或作直线回归，得出直线方程，求出试样浓度 c_x。该方法在仪器单色光不纯时，也可得出试样准确浓度，并消除因环境引起的仪器误差。

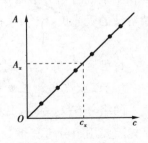

图 2.11 标准曲线

（3）标准对比法

标准对比法又称直接比较法。在相同条件下配制已知浓度的标准溶液和试样溶液，分别测定标准溶液吸光度 A_s 和试样溶液的吸光度 A_x，根据朗伯-比尔定律，得：

$$A_x = k \cdot c_x \cdot L$$
$$A_s = k \cdot c_s \cdot L$$

因为标准溶液和待测溶液中的吸光物质是同一物质,所以,在相同条件下,其吸光系数相等。如选择相同的比色皿,可得待测溶液的浓度为:

$$c_x = \frac{A_x}{A_s} \cdot c_s$$

【案例 2.8】 精密吸取维生素 B_{12} 注射液 2.50 mL,加蒸馏水稀释至 10.00 mL;另精密称定维生素 B_{12} 对照品 25.00 mg,加蒸馏水稀释至 1 000 mL。在 361 nm 处,用 1 cm 吸收池,分别测得吸光度为 0.508 和 0.518,试计算维生素 B_{12} 注射液的浓度。

解:

$A_x = 0.508, A_s = 0.518, c_s = 25.00 \ \mu g/mL$

$c_x = \frac{A_x}{A_s} \cdot c_s = 0.508 \div 0.518 \times 25.00 \ \mu g/mL = 24.52 \ \mu g/mL$

$c_{\text{注}} = c_x \div 2.5 \times 10 = 24.52 \ \mu g/mL \div 2.5 \times 10 = 98.06 \ \mu g/mL$

2) 多组分定量分析

当待测样品中有两种或多种组分共存时,可根据各组分吸收光谱相互重叠的程度分别考虑测定方法。常见混合组分吸收光谱相互重叠有以下 3 种:

(1)吸收光谱不重叠

各组分的吸收峰所在波长处,其他组分没有吸收,如图 2.12(a)所示,则可按单组分的测定方法,在各自不同的测量波长处(尽可能在 $\lambda_{\max}$)分别测得各个组分的含量。即在 λ_1 处测定组分 1 的浓度,在 λ_2 处测定组分 2 的浓度。

(2)吸收光谱部分重叠

两种组分的吸收峰有一定程度的重叠:如图 2.12(b)所示,组分 1 对组分 2 的测定有干扰,而组分 2 对组分 1 的测定则没有干扰。

首先用组分 1 和组分 2 的标准对照溶液测得各自在 λ_1 和 λ_2 处的吸光系数 $\varepsilon_{\lambda_1}^1$ 和 $\varepsilon_{\lambda_2}^2$;再单独测量混合组分溶液在 λ_1 处的吸光度 $A_{\lambda_1}^1$,求得组分 1 的浓度 c_1。在 λ_2 处测定混合组分样品溶液的吸光度 $A_{\lambda_2}^{1+2}$;根据朗伯-比尔定律和吸光度具有加和性,得:

$$A_{\lambda_2}^{1+2} = A_{\lambda_2}^1 + A_{\lambda_2}^2 = \varepsilon_{\lambda_1}^1 c_1 L + \varepsilon_{\lambda_2}^2 c_2 L$$

将已测得的 $A_{\lambda_2}^{1+2}$,$\varepsilon_{\lambda_1}^1$,$\varepsilon_{\lambda_2}^2$ 和 c_1 代入上式,即可求出组分 2 的浓度 c_2。

(3)吸收光谱相互重叠

两组分在 λ_1 和 λ_2 处都有吸收,两组分彼此相互干扰,如图 2.12(c)所示。在这种情况下,首先需要用组分 1 和组分 2 的标准对照品溶液分别在 λ_1 和 λ_2 测定各自的吸光系数,$\varepsilon_{\lambda_1}^1$,$\varepsilon_{\lambda_1}^2$ 和 $\varepsilon_{\lambda_2}^1$,$\varepsilon_{\lambda_2}^2$,再分别在 λ_1 和 λ_2 处测定混合样品溶液的吸光度 $A_{\lambda_1}^{1+2}$,$A_{\lambda_2}^{1+2}$,然后列出联立方程,即:

$$\begin{cases} A_{\lambda_1}^{1+2} = A_{\lambda_1}^1 + A_{\lambda_1}^2 = \varepsilon_{\lambda_1}^1 c_1 L + \varepsilon_{\lambda_1}^2 c_2 L \\ A_{\lambda_2}^{1+2} = A_{\lambda_2}^1 + A_{\lambda_2}^2 = \varepsilon_{\lambda_2}^1 c_1 L + \varepsilon_{\lambda_2}^2 c_2 L \end{cases}$$

把已测得 $A_{\lambda_1}^{1+2}$,$A_{\lambda_2}^{1+2}$,$\varepsilon_{\lambda_1}^1$,$\varepsilon_{\lambda_1}^2$,$\varepsilon_{\lambda_2}^1$,$\varepsilon_{\lambda_2}^2$ 分别代入上式,解方程组,即可分别求出组分 1

的浓度 c_1 和组分 2 的浓度 c_2。

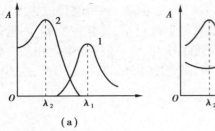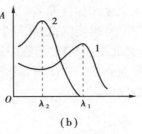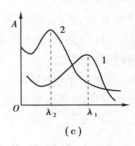

图 2.12　混合组分样品的吸收光谱

（a）不重叠；（b）部分重叠；（c）相互重叠

任务 2.6　实验技术

2.6.1　样品制备

物质的紫外-可见吸收光谱通常是在均匀透明的溶液中进行测定，因此固体样品需要转化为溶液。一般无机样品用水、合适的酸或碱溶解；有机样品用有机溶剂溶解或提取。有时还需要先用湿法或干法将样品消化，然后再用溶剂稀释成适当浓度的溶液进行测定。

用于光谱测量的溶剂要求符合以下条件：

①被测组分有良好的溶解能力。

②在测定波长范围内没有明显的吸收。

③被测组分在溶剂中有良好的吸收峰形。

④挥发性小，不易燃，无毒性，价格便宜等。

2.6.2　仪器测量条件的选择

1）测量波长的选择

在定量分析中，通常选择最强吸收带的最大吸收波长 λ_{max} 作为测量波长，称为最大吸收原则，以获得最高的分析灵敏度。如果 λ_{max} 处吸收峰太尖锐，则在满足分析灵敏度的前提下，可选用灵敏度低一些的波长进行测量，以减少对吸收定律的偏离。

2）吸光度范围的选择

由于测量过程中光源的不稳定、读数的不准确或实验条件的偶然变动等因素的影响，任何分光光度计都有一定的测量误差。当浓度较大或较小时，相对误差都比较大。因此，要选择适宜的吸光度范围进行测量，一般选择吸光度的测量范围为 $0.2 \sim 0.8$（T 为 $65\% \sim 15\%$）。

3)仪器狭缝宽度的选择

狭缝的宽度直接影响测定的灵敏度和标准曲线的线性范围。狭缝宽度过大时,入射光的单色性降低,标准曲线偏离吸收定律,准确度降低;狭缝宽度过窄,光强度变弱,测量的灵敏度降低。选择狭缝宽度的方法:测量吸光度随狭缝宽度的变化。一般狭缝宽度在某一较小范围内变化时,吸光度不变,当狭缝宽度大到某一程度时,吸光度才开始减小。因此,在不引起吸光度减小的情况下尽量选取最大狭缝宽度。

2.6.3 显色反应条件的选择

在用比色法或可见分光光度法测定某物质含量时,需要待测物质具有一定的颜色。如果待测物质本身有较深的颜色,则可以直接进行光度测定。但大多数待测物质无色或颜色很浅,需要事先用适当的试剂与待测物质反应生成对可见光有较强吸收的有色物质后,才能进行光度测定。这种将待测物质转化为有色物质的反应称为显色反应,参与反应的试剂标为显色剂。

1)显色剂及其用量的选择

选择显色剂时应该考虑:

①选择性要好:选择的显色剂只与待测组分发生显色反应,而不与其他组分发生显色反应(即干扰少)。

②灵敏度要高:显色生成的吸光物质的摩尔吸收系数应足够大,有利于微量组分的测定。

③反应生成的有色化合物组成恒定、化学性质稳定:这样被测物质与有色化合物之间才有定量关系。

④对比度要大:有色化合物与显色剂之间的颜色差别应尽可能大,一般要求有色化合物与显色剂的最大吸收波长之差应大于 60 nm。

⑤显色过程要易于控制:如果显色条件过于严格,难以控制,测定结果的重现性就比较差。在实验中最常见的显色剂见表 2.2。

表 2.2　实验中常用显色剂

类　别	显色剂	测定离子	显色条件	颜色	测定波长
无机显色剂	硫氰铵盐	Fe^{2+}	$0.1 \sim 0.8$ mol/L HNO_3	红	480
		Mo(V)		橙	460
		W(V)	$1.5 \sim 2$ mol/L H_2SO_4	黄	405
	钼酸铵	Si(IV)、P(V)	$0.3 \sim 0.5$ mol/L H_2SO_4	蓝	$670 \sim 820$
		Cu^{2+}		蓝	620
	氨水	Co^{2+}	浓氨水	红	500
		Ni^{2+}		紫	580
	过氧化氢	Ti(IV)	$1 \sim 2$ mol/L H_2SO_4	黄	420

续表

类　别	显色剂	测定离子	显色条件	颜色	测定波长
有机显色剂	双硫腙	Zn^{2+}	pH=5.0,CCl_4 萃取	红紫	535
		Cd^{2+}	碱性,$CHCl_3$ 或 CCl_4 萃取	红	520
		Ag^+	pH=5.0,$CHCl_3$ 或 CCl_4 萃取	黄	462
		Hg^{2+}	0.5 mol/L H_2SO_4,CCl_4 萃取	橙	490
		Pb^{2+}	pH=8~11,KCN 掩蔽,CCl_4 萃取	红	520
		Cu^{2+}	0.1 mol/L HCL,CCl_4 萃取	紫	545
	铜试剂	Cu^{2+}	pH=8.5~9.0,CCl_4 萃取	棕黄	436
	硫脲	Bi^{3+}	1 mol/L HNO_3	橙黄	470
	铝试剂	Al^{3+}	pH=5.0~5.5HAc	深红	525
	二甲酚橙	Pb^{2+}	pH=4.5~5.5	红	580
	丁二酮肟	Ni^{2+}	碱性,$CHCl_3$ 萃取	红	360
	磺基水杨酸	Fe^{3+}	pH=8.5	黄	420
	亚硝基R盐	Co^{2+}	pH=6.0~8.0,$CHCl_3$ 萃取	深红	550
	新亚铜灵	Cu^{2+}	pH=3.0~9.0,异戊醇萃取	黄橙	454
	偶氮肿	Ba^{2+}	pH=5.3	绿	640
	邻菲罗啉	Fe^{2+}	pH=3.0~6.0	橙红	510

　　为保证显色反应尽可能进行完全,一般需要加入过量的显色剂,但也不能过量太多,否则对测定不利。因为不少显色剂本身带有颜色,过量太多会使空白值增大。同时过量的显色剂会与样品中的共存组分生成有色化合物,产生干扰。

　　显色剂用量可通过实验确定:配制一系列等浓度的待测溶液,分别加入不同量的显色剂,在相同条件(pH 值、显色时间等)下,测其吸光度,作吸光度随显色剂用量的变化曲线,选取吸光度恒定时的显色剂用量。

2) 溶液的 pH 值

溶液的 pH 值对显色反应的影响主要表现在以下几个方面。

①当 pH 值不同时,同种金属离子与同种显色剂反应,可以生成不同颜色的配合物。例如 Fe^{3+} 可与水杨酸在不同 pH 值条件下,生成配位比不同的配合物:

pH<3　　　$Fe(C_7H_4O_3)^+$　　褐红色(配位比 1:1)

pH=4~8　　$Fe(C_7H_4O_3)_2^-$　　橙色(配位比 1:2)

pH=8~10　$Fe(C_7H_4O_3)_3^{3-}$　黄色(配位比 1:3)

可见只有将溶液的 pH 值控制在一定范围内,才能获得组成恒定的有色配合物,得到正确的测定结果。

②溶液 pH 值过低会降低配合物的稳定性。特别是对弱酸型有机显色剂影响较大。当溶液的 pH 值减小时显色剂的有效浓度降低,显色能力减弱,形成的有色配合物的稳定性随之降低。

③溶液 pH 值变化,显色剂的颜色可能发生变化。多数有机显色剂往往是一种弱酸碱指

示剂,它本身所呈现的颜色随 pH 值变化而变化。例如 PAR(吡啶偶氮间苯二酚)是一种二元酸(表示为 H_2R),它所呈现的颜色与 pH 值的关系如下:

pH = 2.1~4.2　　　　黄色(H_2R)

pH = 4~7　　　　　　橙色(HR^-)

pH > 10　　　　　　 红色(R^{2-})

综上所述,溶液的 pH 值对显色反应的影响是很大的,而且是多方面的。因此,控制溶液的 pH 值对显色反应就显得非常重要。

显色反应适宜的 pH 值必须通过实验来确定。方法为:固定待测组分和显色剂的浓度,改变溶液的 pH 值,制成数个显色液,在相同的测定条件下,分别测定其吸光度 A,作 A-pH 关系曲线,选择曲线平坦部分对应的 pH 值作为应该控制的 pH 值范围。

3)显色温度

不同的显色反应对温度的要求不同。大多数显色反应是在常温下进行的,但有些反应必须在较高温度下才能完成或进行得比较快。例如 Fe^{3+} 和邻二氮菲的显色反应常温下即可完成。而硅钼蓝法测量硅时,应先加热,使之生成硅钼黄,然后将硅钼黄还原为硅钼蓝;再进行光度测定。有的有色物质加热时容易分解,例如 $Fe(SCN)_3$,加热时褪色很快。因此对不同的反应,应通过实验找出各自适宜的显色温度范围。

4)显色时间

在显色反应中应该从两个方面来考虑时间的影响。一是显色反应完成所需要的时间,称为"显色时间";二是显色后有色物质色泽保持稳定的时间,称为"稳定时间"。确定适宜时间的方法:配制一份显色溶液,从加入显色剂开始,每隔一定时间 t 测一次吸光度 A,绘制 A-t 关系曲线。曲线平坦部分对应的时间就是显色-测定吸光度的最适宜时间。

2.6.4　参比溶液的选择

参比溶液的作用是消除待测组分外其他组分对光的吸收所带来的测量误差。根据样品溶液的性质,参比溶液的选择有以下 3 种:

①溶剂参比:当样品溶液的组成较为简单,除待测组分外,其他共存组分和显色剂对测定波长光都没有吸收时,可采用溶剂作为参比溶液,这样可消除由溶剂带来的测量误差。

②试剂参比:如果显色剂或其他试剂在测定波长处有吸收,可按显色反应的条件,在溶剂中同样加入显色剂或其他试剂,制成参比溶液。以消除显色剂或其他试剂吸收带来的测量误差。

③样品参比:如果样品基体在测定波长处有吸收,且不与显色剂起显色反应,可按与显色反应相同的条件处理样品,只是不加显色剂。这种参比溶液适用于样品基体复杂,加入的显色剂量不大,且显色剂在测定波长处无吸收的情况。

值得注意的是,无论选择何种参比溶液,都不能消除比色池与比色池之间的误差。因此测量之前需要对比色池进行校正。校正方法是:参比池和样品池内加同一试剂(一般为蒸馏水或参比溶液),用参比池调零,测出样品池的吸光值,最后在测得的数据中扣除样品池的空白吸光值。

2.6.5　干扰及消除方法

在光度分析中,干扰物质对测定的影响可能有以下3种情况:

①干扰物质本身有颜色或与染色剂形成有色化合物,在测定波长下有吸收。

②在显色条件下干扰物质水解,析出沉淀使溶液混浊,致使吸光度的测定无法进行。

③与待测组分或显色剂形成更稳定的配合物,降低待测组分或显色剂的浓度,使显色反应不能进行完全。

消除干扰的方法有以下5种:

(1)控制酸度

根据配合物的稳定性不同,可以利用控制酸度的方法来提高反应的选择性。例如,双硫腙能与 Hg^{2+}、Pb^{2+}、Cu^{2+}、Ni^{2+}、Cd^{2+} 等金属离子形成有色配合物。但在 0.5 mol/L H_2SO_4 介质中,双硫腙与 Hg^{2+} 生成稳定的有色配合物,而与上述其他离子不反应。因此,可以消除上述其他离子对 Hg^{2+} 测定的干扰。

(2)选择适当的掩蔽剂

使用掩蔽剂消除干扰是常用而有效的方法。例如,双硫腙法测定 Hg^{2+} 即便在 0.5 mol/L H_2SO_4 介质中测定也不能消除 Ag^+ 和 Bi^{3+} 的干扰。这时,加 KSCN 掩蔽 Ag^{2+}、加 EDTA 掩蔽 Bi^{3+} 可消除其干扰。

选择的掩蔽剂必须满足:

①不与待测离子作用。

②掩蔽剂以及它与干扰物质形成的配合物的颜色不干扰待测离子的测定。

(3)改变干扰离子的价态

利用氧化还原反应改变干扰离子的价态,使干扰离子不与显色剂反应,达到消除干扰的目的。例如,用铬天青 S 显色 Al^{3+} 时,Fe^{3+} 有干扰,若加入抗坏血酸(或盐酸羟胺)使 Fe^{3+} 还原为 Fe^{2+},则可消除其干扰。

(4)选择合适的测量波长

如 MnO_4^- 的 λ_{max} 为 525 nm,测定 MnO_4^- 时,若溶液中有 $Cr_2O_7^{2-}$ 存在,由于 $Cr_2O_7^{2-}$ 在 525 nm 处也有一定的吸收,故影响 MnO_4^- 的测定。为此,可选用 545 nm 或 575 nm 波长测定 MnO_4^-。这时,虽测定灵敏度有所降低,但在很大程度上消除了 $Cr_2O_7^{2-}$ 的干扰。

(5)利用参比溶液消除干扰

利用参比溶液可以消除溶剂、显色剂及试剂、待测试样中其他组分带来的干扰。若上述方法均不能奏效,则需要采用萃取、沉淀、离子交换以及色谱分离等方法,将被测组分和干扰组分预先分离,然后进行测定。

实训 2.1 有机化合物的紫外吸收光谱及溶剂效应

1)实验目的

①掌握紫外-可见分光光度计的结构及使用方法。

②掌握苯及其衍生物的紫外吸收光谱及鉴定方法。

③了解溶剂极性对吸收光谱的影响。

2)实验原理

具有不饱和结构的有机化合物,如芳香族化合物,$\pi \rightarrow \pi^*$ 跃迁在紫外光区产生 3 个特征吸收带。例如:苯在 185 nm 附近有一个强吸收带 = 68 000 L/(mol·cm);在 204 nm 处有一较弱的吸收带 = 8 800 L/(mol·cm);在 254 nm 附近有一弱吸收带 = 250 L/(mol·cm)。当苯处于气态时,这个吸收带具有良好的精细结构。当苯环上带有取代基时,可强烈影响苯的 3 个特征吸收带。由于它在紫外光区的特征吸收,为有机化合物的结构鉴定提供了有用的信息。

利用紫外吸收光谱鉴定有机化合物的方法:在相同条件下,比较未知物与已知纯化合物的吸收光谱,或将未知物的吸收光谱与标准光谱图对比,如果两者的吸收光谱完全一致,则可认为是同一种化合物。

溶剂的极性对有机化合物的紫外吸收光谱有一定的影响,极性增加,使 $n \rightarrow \pi^*$ 跃迁产生的吸收带蓝移,而 $\pi \rightarrow \pi^*$ 跃迁产生的吸收带红移。

3)仪器与试剂

(1)仪器

具有扫描功能的紫外-可见分光光度计,石英比色池,5 mL 具塞比色管(或 50 mL 容量瓶)。

(2)试剂

苯,甲苯,苯酚,苯甲酸,乙醇,环己烷,正己烷,氯仿,丁酮,异丙叉丙酮(均为分析纯)。

4)实验步骤

(1)未知化合物的鉴定

分光光度计基线校准后,将未知样品置于厚度为 1 cm 的石英比色池内,加盖,放入样品光路中,在紫外光区(190~400 nm)做波长扫描,绘制未知样品的紫外吸收光谱。

(2)紫外吸收光谱的绘制

在 4 只 5 mL 具塞比色管中,分别加入 0.5 mL 苯、甲苯、苯酚和苯甲酸,用环己烷稀释至刻度,摇匀。用带盖的 1 cm 石英比色池,以环己烷作参比溶液在紫外光区做波长扫描,分别绘制苯、甲苯、苯酚和苯甲酸的紫外吸收光谱。

(3)溶剂极性对紫外吸收光谱的影响

①溶剂极性对 $\pi \rightarrow \pi^*$ 跃迁的影响:在 3 只 5 mL 具塞比色管中,分别加入 0.02 mL 丁酮,然后分别用水、乙醇、氯仿稀释至刻度,摇匀。用 1 cm 石英比色池,以各自的溶剂作参比,在紫外

光区进行波长扫描。

②溶剂极性对 $\pi \rightarrow \pi^*$ 跃迁的影响:在 3 只 5 mL 具塞比色管中,各加入 0.2 mL 异丙叉丙酮,分别用正己烷、氯仿和水稀释至刻度,摇匀。用 1 cm 石英比色池,以各自的溶剂作参比,在紫外光区进行波长扫描。

5) 数据处理

①根据未知样品的吸收光谱和吸收峰,判断未知样品属于何种化合物。

②比较苯、甲苯、苯酚及苯甲酸的吸收光谱,计算各取代基使苯的 λ_{max} 红移的距离。

③比较溶剂极性对吸收光谱的影响,λ_{max} 如何改变。

6) 注意事项

①比色池每换一种溶液或溶剂,事先都必须清洗干净,再用待测溶液或溶剂润洗 3 次。

②在做光谱扫描时,每换一种参比溶液,都要用参比溶液(参比池和样品池都装参比溶液)做基线校准,然后将样品池内的参比溶液换成待测溶液,即可进行光谱扫描。

实训 2.2　邻二氮菲分光光度法测定微量铁含量

1) 实验目的

①掌握邻二氮菲分光光度法测定铁的原理和方法。

②学会绘制吸收曲线,正确选择测定波长。

③熟悉分光光度计的使用方法。

2) 实验原理

邻二氮菲是测量微量铁的一种较好显色剂。在 pH 值为 2～9 的溶液中,邻二氮菲与 Fe^{2+} 生成稳定的橙红色配合物。其显色反应如下:

生成的配合物 $\lg K_{稳} = 21.3$,最大吸收波长为 510 nm,摩尔吸光系数 $\varepsilon_{510} = 1.1 \times 10^4$。

该法用于试样中微量 Fe^{2+} 的测定,如果铁以 Fe^{3+} 的形式存在,由于 Fe^{3+} 与邻二氮菲反应生成淡蓝色的配合物,稳定性差。因此应预先加入盐酸羟胺(或抗坏血酸等)将 Fe^{3+} 还原成 Fe^{2+}。反应如下:

$$2Fe^{3+} + 2NH_2OH \cdot HCl \longrightarrow 2Fe^{2+} + 4H^+ + 2Cl^- + N_2 \uparrow + 2H_2O$$

测定时,控制溶液酸碱度在 pH=5 左右为宜。酸碱度过高,反应进行缓慢;酸碱度太低,则 Fe^{2+} 水解,影响显色。Bi^{3+}、Cd^{2+}、Hg^{2+}、Ag^+、Zn^{2+} 等离子与显色剂生成沉淀;Cu^{2+}、Co^{2+}、Ni^{2+} 等离子与显色剂形成有色络合物。因此当这些离子共存时,应注意它们的干扰作用。

3）仪器与试剂

（1）仪器

721 型（或其他型号）分光光度计，电子天平 1 台，1 000 mL 容量瓶 1 只，500 mL 容量瓶 1 只，100 mL 容量瓶 3 只，50 mL 容量瓶 7 只，1 mL、5 mL、10 mL 吸量管各 2 支，50 mL 烧杯 2 只。

（2）试剂

①100.0 μg/mL 铁标准储备液：准确称取 0.863 4 g $NH_4Fe(SO_4)_2 \cdot 12H_2O$，置于烧杯中，加入 20 mL 6 mol/L HCl 溶液溶解后转入 1 000 mL 容量瓶中，加水稀释至刻度，充分混匀。

②10.0 μg/mL 铁标准使用液：用移液管准确移取上述储备液 10.00 mL 置于 100 mL 容量瓶中，加入 2 mL 6 mol/L HCl 溶液，用水稀释至刻度，充分混匀。

③0.15%邻二氮菲溶液：称取邻二氮菲 0.15 g，先用少量 95%乙醇溶解，再用水稀释至 100 mL。临用时配制。

④10%盐酸羟胺溶液：称取盐酸羟胺 10.0 g，用水溶解并稀释至 100 mL。临用时配制。

⑤HAc-NaAc 缓冲溶液（pH=5.0）：称取 136 g 乙酸钠，用水溶解后加入 120 mL 乙酸，再用水稀释至 500 mL。

4）实验步骤

（1）吸收曲线的绘制和波长的选择

①吸收曲线的绘制：用吸量管移取 10.0 μg/mL 铁标准使用液 0.0,2.0,4.00 mL，分别置于 3 只 50 mL 容量瓶中，各加入 1 mL 10%盐酸羟胺溶液，摇匀，稍冷后，再各加入 5 mL HAc-NaAc 缓冲溶液和 3 mL 0.15%邻二氮菲溶液，用水稀释至刻度，充分摇匀。放置 10 min 后，用 1 cm 比色皿，以不含铁的试剂空白溶液作参比溶液，在 440～560 nm 波长内，每隔 10～20 nm 测一次吸光度，在峰值附近，每隔 5 nm 测一次吸光度。然后以波长 λ 为横坐标，吸光度 A 为纵坐标，绘制 A-λ 吸收曲线。

②测定波长的选择：根据上述吸收曲线的绘制，找出最大吸收波长作为测定波长。

（2）标准曲线的绘制与试样中铁含量的测定

①标准曲线的绘制：用吸量管分别移取 10.0 μg/mL 铁标准使用液 0.0,1.0,2.0,4.0,6.0,8.0 和 10.0 mL（相当铁含量为 0.0,10.0,20.0,40.0,60.0,80.0 和 100.0 μg）于 7 只 50 mL 容量瓶中，各加入 1 mL 10%盐酸羟胺溶液，摇匀，再各加入 5 mL HAc-NaAc 缓冲溶液和 3 mL 0.15%邻二氮菲溶液，用水稀释至刻度，充分摇匀。放置 10 min 后，用 1 cm 比色皿，以试剂空白溶液作参比溶液，在最大吸收波长处测定各溶液的吸光度。以铁含量为横坐标，吸光度为纵坐标，绘制标准曲线。

②试样中铁含量的测定：准确吸取试样溶液 5.00 mL 3 份，分别置于 3 只 50 mL 容量瓶中，各加入 1 mL 10%盐酸羟胺溶液、5 mL HAc-NaAc 缓冲溶液和 3 mL 0.15%邻二氮菲溶液，用水稀释至刻度，充分摇匀。在与标准曲线相同的条件下，分别测其吸光度。

5）数据处理

（1）数据记录

①吸收曲线原始数据记录（实训表 2.1）。

实训表 2.1 吸收曲线原始数据

	λ/nm	440	460	480	500	520	540	560
吸光度 A	铁标准使用液 2.0 mL							
	铁标准使用液 4.0 mL							

②绘制标准曲线的原始数据记录(实训表 2.2)。

实训表 2.2 绘制标准曲线的原始数据

测定波长:_____ nm　　比色池厚度:_____ cm

序号	1	2	3	4	5	6	7
标准溶液体积/mL							
含铁量/μg							
吸光度 A							

③试样中铁含量的测定。

测定波长:_____ nm　　　　比色池厚度:_____ cm。

(2)数据处理

①以波长 λ 为横坐标,吸光度 A 为纵坐标,绘制 A-λ 吸收曲线,并从吸收曲线上找出最大吸收。

②以铁含量为横坐标,吸光度为纵坐标,绘制标准曲线,并求出回归线方程和相关系数。

③根据试样的吸光度,在标准曲线上查出对应的铁含量,并计算试样中的铁含量(取 3 个平行样的平均值)。

实训 2.3　紫外分光光度法测定维生素 C 片中 V_C 的含量

1)实验目的

①熟悉紫外分光光度计的主要结构及工作原理。

②掌握紫外分光光度计的操作方法及紫外定性定量分析方法。

2)实验原理

维生素 C 属水溶性维生素,它易溶于水,微溶于乙醇,不溶于氯仿或乙醚。维生素 C 分子结构中有共轭双键,故在紫外光区有较强的吸收。根据维生素 C 在稀盐酸溶液中,吸收曲线比较稳定,在最大吸收波长处,其吸收值 A 的大小与维生素 C 的浓度 c 成正比,符合朗伯-比尔定律:

$$A = \varepsilon \cdot c \cdot L$$

配制系列不同浓度的维生素 C 的标准溶液,分别测定其在最大吸收波长处的吸光度,并绘制出维生素 C 在最大吸收波长下的标准曲线,然后在相同条件下测出样品溶液的吸光度 A,

由测得的吸光度 A 在标准曲线上查得浓度,换算为药片中的含量(mg/片)。

3)仪器与试剂

(1)仪器

紫外分光光度计 1 台,电子天平 1 台,研钵 1 个,50 mL 容量瓶 7 只,500 mL 容量瓶 1 只,10 mL 移液管 2 支,100 mL 烧杯 2 只,1 000 mL 烧杯 2 只。

(2)试剂

维生素 C 标准品(抗坏血酸),市售维生素 C 片(100 mg/片),冰醋酸,蒸馏水。

4)实验步骤

①配制标准储备液:配制维生素 C 标准储备液 500 mL(浓度约为 1.5×10 mol/L)。称取约 0.013 2 g 维生素 C 标准品于 100 mL 的烧杯中,用超声波助溶后定容于 500 mL 容量瓶中,摇匀,配成储备液。

②配制标准溶液:取 50 mL 容量瓶 5 只(编号为 1~5),分别吸取上述储备液 1,2,4,8,16 mL 于容量瓶中,用蒸馏水定容。

③绘制标准曲线:以蒸馏水为参比,根据分光光度法,在 λ_{max} =245 mm 处,按照浓度由小到大的顺序分别测出上述各溶液标准溶液的吸光度,并记录数据。

④样品测定:取 3 片 V_C 片剂研细,准确称取 0.02 g 于 100 mL 烧杯中,以去离子水稀释至 500 mL。移取样品溶液 5 mL 于 50 mL 容量瓶中,定容。按照分光光度法,在 λ_{max} =245 nm 处测定吸光度。

5)数据处理

①以标准溶液浓度为横坐标,相应的吸光度为纵坐标,绘制标准曲线图。

②在标准曲线的纵坐标上找到试液的吸光度,然后在横坐标处查得相应 V_C 的浓度。

③计算维生素片剂中 V_C 的含量。

6)注意事项

①维生素 C 会缓慢氧化成脱氢抗血酸,所以每次实验时必须配制新鲜溶液,并滴加几滴醋酸。

②使用石英比色皿。

③实验结束时,先关氙灯,再关主机电源开关。

实训 2.4　分光光度法测定肉制品中亚硝酸盐的含量

1)实验目的

①掌握分光光度法测定肉制品中亚硝酸盐含量的原理和方法。

②学习样品前处理技术。

③熟练掌握标准曲线的绘制与分光光度计的使用。

2)实验原理

样品经沉淀蛋白质,除去脂肪后,在弱酸条件下,亚硝酸盐与对氨基苯磺酸重氮化,再与盐酸萘乙二胺耦合形成紫红色染料。反应式如下:

$$2HCl + NaNO_3 + H_2N{-}\langle\text{苯环}\rangle{-}SO_3H \xrightarrow{\text{重氮化}} Cl{-}N{=}N{-}\langle\text{苯环}\rangle{-}SO_3H + NaCl + 2H_2O$$

对氨基苯磺酸

$$2HCl \cdot H_2NH_2CH_2CHN{-}\langle\text{萘环}\rangle + Cl{-}N{=}N{-}\langle\text{苯环}\rangle{-}SO_3H \xrightarrow{\text{耦合}}$$

$$2HCl \cdot H_2NH_2CH_2CHN{-}\langle\text{萘环}\rangle{-}N{=}N{-}\langle\text{苯环}\rangle{-}SO_3H + HCl$$

紫红色

生成的紫红色染料在波长为 538 nm 处有最大吸收,可测定其吸光度并与标准比较定量。

3)仪器与试剂

(1)仪器

分光光度计,50 mL 容量瓶或比色管 7 只,1 mL、5 mL、10 mL 吸量管各 2 支,组织捣碎机。

(2)试剂

①亚铁氰化钾溶液:称取 106 g 亚铁氰化钾($K_4Fe(CN)_6 \cdot 3H_2O$),用水溶解并定容至 1 000 mL。

②乙酸锌溶液:称取 20.0 乙酸锌($Zn(CH_3COO)_2 \cdot 2H_2O$),先加 30 mL 冰乙酸溶解,再用水定容至 1 000 mL。

③饱和硼砂溶液:称取 5.0 g 硼酸钠($NaB_4O_7 \cdot 10H_2O$)溶于 100 mL 热水中,冷却备用。

④0.4%对氨基苯磺酸溶液:称取 0.4 g 对氨基苯磺酸,溶于 100 mL 20%HCl 溶液中,置棕色瓶中避光保存。

⑤0.2%盐酸萘乙二胺溶液:称取 0.2 g 盐酸萘乙二胺,用水溶解并定容至 100 mL,置棕色瓶中避光保存。

⑥亚硝酸钠标准储备液:准确称取 0.100 0 g 于 110~120 ℃ 干燥恒重的亚硝酸钠,加水溶解移入 500 mL 容量瓶中,并用水稀释至刻度,混匀。此溶液每毫升相当于 200 μg 亚硝酸钠。

⑦亚硝酸钠标准使用液:临用前,准确移取标准储备液 5.00 mL 于 200 mL 容量瓶中,用水稀释至刻度。此溶液每毫升相当于 5.0 μg 亚硝酸钠。

4)实验步骤

(1)样品预处理

将肉制品(如火腿肠、西式火腿等)用组织捣碎机捣碎均匀,置于洁净干燥的广口瓶中保存备用。

(2)试样中亚硝酸盐的提取

称取 5 g(精确至 0.01 g)捣碎均匀的试样于 50 mL 小烧杯中,加入 12.5 mL 硼砂饱和溶液,用玻棒搅拌混匀,用 300 mL 70 ℃左右的蒸馏水将其洗入 500 mL 容量瓶中,置沸水浴中加热 15 min,取出冷却至室温。

(3)提取液净化

在上述提取液中,一边转动,一边加入 5 mL 亚铁氰化钾溶液,混匀,再加入 5 mL 乙酸锌溶液以沉淀蛋白质,定容,混匀。静置 30 min,除去上层脂肪,过滤,弃去最初滤液 30 mL,收集滤液备用。

同时做试剂空白试验(除不加样品外,其他操作步骤相同)。

(4)标准曲线的绘制

吸取 0.00,0.20,0.40,0.60,0.80,1.00,1.50,2.50 mL 亚硝酸钠标准使用液(相当于 0.0,1.0,2.0,4.0,6.0,8.0,10.0,15.0,25.0 μg 亚硝酸钠),分别置于 50 mL 比色管中。各加入 0.4% 对氨基苯磺酸溶液 2 mL,混匀,静置 3~5 min 后各加入 1.0 mL 0.2%盐酸萘乙二胺溶液,加水至刻度,混匀。静置 15 min,用 1 cm 比色池,以零管调零,于 538 nm 处测定吸光度,绘制标准曲线。

(5)样液测定

吸取 40 mL 样品净化液 2 份,吸取 40 mL 试剂空白液 1 份,分别置于 3 只 50 mL 比色管中,各加入 0.4% 对氨基苯磺酸溶液 2 mL,以下操作与绘制标准曲线相同。于 538 nm 处测吸光度。

5)数据处理

(1)数据记录

①绘制标准曲线的原始数据记录(实训表 2.3)。

实训表 2.3　绘制标准曲线的原始数据

测定波长:_____ nm　　　比色池厚度:_____ cm

序　号	1	2	3	4	5	6	7	8
标准溶液体积/mL	0.00	0.20	0.40	0.60	0.80	1.00	1.50	2.50
亚硝酸盐含量/μg								
吸光度 A								

②样品测定的原始数据记录(实训表 2.4)。

实训表 2.4　样品测定的原始数据

测定波长:_____ nm　　　比色池厚度:_____ cm

样品序号	样 1#	样 2#	试剂空白
吸取试样体积/mL			
吸光度 A			

(2)数据处理

以亚硝酸盐含量(μg)为横坐标,吸光度 A 为纵坐标,绘制标准曲线,并求出回归方程和相关系数。

（3）结果计算

根据试样的吸光度,在标准曲线上查出对应的亚硝酸盐含量,并按下式计算试样中的亚硝酸盐含量:

$$X = \frac{(c - c_0) \times 1\,000}{m \times \dfrac{V_0}{V} \times 1\,000}$$

式中　X ——肉制品中亚硝酸盐(以亚硝酸钠计)含量,mg/kg;

　　　c ——测定用样液中亚硝酸盐的质量,μg;

　　　c_0 ——测定试剂空白中的亚硝酸盐的质量,μg;

　　　m ——试样质量,g;

　　　V_0 ——测定用样液体积,mL;

　　　V ——样品处理液总体积,mL。

 思考与练习

一、选择题

1.常见紫外可见分光光度计的波长为(　　　)。

　　A.200～400 nm　　　　B.400～760 nm　　　　C.200～760 nm　　　　D.400～1 000 mm

2.在一定波长处,用2.0 cm吸收池测得某样品溶液的百分比透光率为71%,若改用3.0 cm吸收池时,该溶液的吸光度 A 为(　　　)。

　　A.0.1　　　　　　　　B.0.37　　　　　　　　C.0.22　　　　　　　　D.0.45

3.测定一系列浓度相近的样品溶液时,常选择的测定方法为(　　　)。

　　A.标准曲线法　　　　B.标准对比法　　　　C.绝对法　　　　　　D. 解方程计算

4.在分光光度法中,运用朗伯-比尔定律进行定量分析采用的入射光为(　　　)。

　　A.白光　　　　　　　B.单色光　　　　　　　C.可见光　　　　　　D.紫外光

5.许多化合物的吸收曲线表明,它们的最大吸收常常位于200～400 nm波长段,对这一光谱区应选用的光源为(　　　)。

　　A.氘灯或氢灯　　　　B.能斯特灯　　　　　　C.钨灯　　　　　　　D.空心阴极灯

6.双波长分光光度计和单波长分光光度计的主要区别是(　　　)。

　　A.光源的个数　　　　　　　　　　　　　　B.单色器的个数

　　D.单色器和吸收池的个数　　　　　　　　　C.吸收池的个数

7.符合朗伯-比尔定律的有色溶液稀释时,其最大吸收峰的波长位置(　　　)。

　　A.不移动,但最大吸收峰强度降低

　　B.向长波方向移动

　　C.不移动,但最大吸收峰强度增大

　　D.向短波方向移动

8.在符合朗伯-比尔定律的范围内,溶液的浓度,最大吸收波长、吸光度三者的关系是(　　　)。

A.减小、不变、减小　　　　　　　　　　　B.增加、增加、增加

C.减小、增加、减小　　　　　　　　　　　D.增加、不变、减小

9.在紫外-可见分光光度法测定中,使用参比溶液的作用是(　　　)。

　A.调节仪器透光率的零点

　B.吸收入射光中测定所需要的光波

　C.调节入射光的光强度

　D.消除试剂等非测定物质对入射光吸收的影响

10.某药物的摩尔吸光系数(ε)很大,则表明(　　　)。

　A.该药物溶液的浓度很大　　　　　　　　B.光通过该药物溶液的光程很长

　C.该药物对某波长的光吸收很强　　　　　D.测定该药物的灵敏度不高

二、简答题

1.朗伯-比尔定律的物理意义是什么? 为什么说朗伯-比尔定律只适用于单色光? 浓度 c 与吸光度 A 线性关系发生偏离的主要因素有哪些?

2.紫外-可见分光光度计从光路分有哪几类? 各有何特点?

3.简述紫外-可见分光光度计的主要部件、类型及基本性能。

4.简述紫外-可见分光光度计使用注意事项及日常维护方法。

项目 3 红外吸收光谱法

【知识目标】

了解红外光谱的基本构造。

了解红外光谱的样品处理方法。

理解红外光谱与分子结构以及环境因素的关系。

📖【能力目标】

能初步识别红外光谱。

会解析简单的红外光谱图。

红外吸收光谱法(Infrared Absorption Spectroscopy)又称红外分光光度法(Infrared Spectro-Photometry),简称红外光谱法,用 IR 表示。它是以研究物质分子对红外辐射的吸收特性而建立起来的一种定性(包括结构分析)定量分析方法。就物质分子与光的作用关系而言,红外吸收光谱法与紫外-可见吸收光谱法都属于分子吸收光谱的范畴,但光谱产生的机理不同,红外吸收光谱为振动-转动光谱,紫外-可见吸收光谱为电子光谱。

红外吸收光谱法的特点:

①具有高度的特征性:除光学异构体外,没有两种化合物的红外吸收光谱完全相同,即每种化合物都有自己的特征红外吸收光谱,这是进行定性鉴定及结构分析的基础。

②应用范围广:紫外吸收光谱法不研究饱和有机化合物,而红外吸收光谱法不仅对所有有机化合物都适用,还能研究络合物、高分子化合物及无机化合物;不受样品相态的限制,无论是固态、液态还是气态都能测定。

③分析快,操作简便,用量少。

④灵敏度低、准确度低:红外光谱法灵敏度低,在进行定性鉴定及结构分析时,需将待测样品纯化;在定量分析中,红外光谱法的准确度低,对微量成分分析无能为力,不如比色法及紫外吸收光谱法重要。

由于红外光谱适合分析特征性强,对气体、液体和固体试样都可测定,并且测定中所需试样少、分析速度快、不破坏试样。因此,红外光谱法不仅应用于物质的定性和定量分析中,而且已经成为鉴定化合物和测定分子结构的最有效方法之一,广泛应用于食品、生物、医药、高分子材料、化工、石油、环境等领域中。

任务 3.1 基本原理

3.1.1 红外光谱区域的划分

红外光谱位于可见光区和微波光区之间,波长范围为 0.75~1 000 μm。根据实验技术要求和应用的不同,通常将红外区域划分为 3 个区,即近红外区、中红外区和远红外区(表 3.1)。其中,中红外区是研究和应用最多的区域,一般所说的红外光谱就是指中红外区的红外光谱。

表 3.1 红外光谱区域划分

区 域	波长 $\lambda/\mu m$	波数 $\bar{\nu}/cm^{-1}$	能级跃迁类型
近红外区	0.75~2.5	13 158~4 000	O—H,N—H,C—H 键的倍频吸收
中红外区	2.5~25	4 000~400	分子中原子的振动和分子转动
远红外区	25~1 000	400~10	分子转动、晶格振动

3.1.2 红外吸收光谱的表示方法

红外光谱通常以微米(μm)作为波长单位,以波数 $\bar{\nu}$ 作频率单位,两者关系为

$$\bar{\nu} = \frac{1}{\lambda(\text{cm})} = \frac{10^4}{\lambda(\mu m)} = \frac{\nu}{c}$$

式中 ν——光的振动频率,Hz;

c——光速,3×10^{10} cm/s。

波数的单位为 cm^{-1},其物理意义是指 1 cm 中所含波的个数。例如 20 μm 的红外光所对应的波数为:$\bar{\nu} = 500$ cm^{-1}。

红外吸收光谱一般采用百分透射比与波数(T-$\bar{\nu}$)曲线(图 3.1)或百分透射比与波长(T-λ)曲线(图 3.2)来表示,曲线上的"谷"代表光谱吸收峰,由于纵坐标为透光率(T),所以吸收峰向下。

同一样品的 T-$\bar{\nu}$ 曲线和 T-λ 曲线形状略有差异,这是因为 T-$\bar{\nu}$ 曲线采用的波数等间隔分度,而 T-λ 曲线采用的波长等间隔分度。

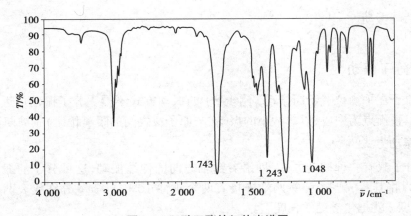

图 3.1　乙酸乙酯的红外光谱图

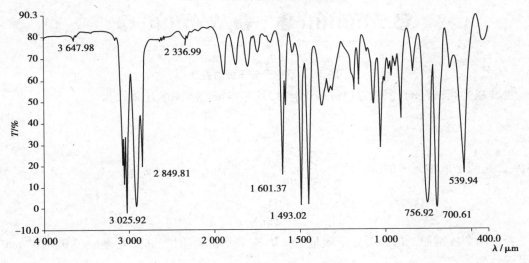

图 3.2　聚苯乙烯的红外光谱图

3.1.3　红外吸收光谱产生的条件

红外光谱是由于试样分子吸收红外辐射引起分子振动能级跃迁而产生的,分子吸收红外辐射必须满足两个必要条件:

①红外辐射能量应刚好等于分子振动能级跃迁所需的能量,即红外辐射的频率要与分子中某基团振动频率相同时,分子才能吸收红外辐射。

②红外辐射与物质之间有耦合作用,即分子振动过程中,必须有偶极矩的改变。

分子偶极矩是分子中正、负电荷的大小与正、负电荷中心的距离的乘积。极性分子就整体来说是电中性的,但由于构成分子的各原子电负性有差异,分子中原子在平衡位置不断振动。在振动过程中,正、负电荷的大小和正、负电荷中心的距离呈周期性变化,因而分子的偶极矩呈周期性变化。当发生偶极矩变化的振动频率与红外辐射频率一致时,由于振动耦合而增加振动能,使振幅增大,产生红外吸收。这种能使分子偶极矩发生改变的振动,称为红外活性振动。如果在振动过程中没有偶极矩发生改变,分子就不吸收红外辐射,这种无偶极矩变化的振动,称为红外非活性振动。

3.1.4 分子振动

分子中原子在平衡位置不断振动,不同分子的振动方式不同。分子振动可近似地看成分子中的原子以平衡点为中心,以非常小的振幅(与原子核之间的距离相比)做周期性的振动。

1) 分子振动方式

双原子分子只有一种振动方式,即沿着键轴方向的伸缩振动,这种分子的振动模型如图3.3所示。可以将其看成一个弹簧两端连接着两个刚性小球,m_1、m_2分别代表两个小球的质量,弹簧的长度 r 就是化学键的长度。

图3.3 双原子分子振动模型

将其视为简谐振动,由胡克(Hooke)定律,其基本振动频率的计算式为

$$v = \frac{1}{2\pi}\sqrt{\frac{k}{\mu}}$$

其中,μ 是两个成键原子的折合质量,$\mu = \frac{m_1 \cdot m_2}{m_1 + m_2}$。因 $v = \frac{c}{\lambda} = c\delta$,则

$$\delta = \frac{1}{2\pi c}\sqrt{\frac{k}{\mu}}$$

若用两个成键原子的相对原子质量 M_1, M_2 来表示折合质量,并取光速 $c = 3.0 \times 10^{10}$ cm/s,则可近似为

$$\delta = 1304\sqrt{\frac{k}{M}}$$

式中　δ ——波数,cm^{-1};

　　　k ——化学键的力常数,N/cm,化学键越强,力常数越大;

　　　M ——两个成键原子的折合相对原子质量,$M = \frac{M_1 \cdot M_2}{M_1 + M_2}$。

常见化学键的力常数,见表3.2。

表3.2　常见化学键的力常数

化学键	C—C	C=C	C≡C	C—H	O—H	N—H	C=O
$k/(\text{N} \cdot \text{cm}^{-1})$	4.5	9.6	15.6	5.1	7.7	6.4	12.1

例如,C=O 键,$M = \frac{12 \times 16}{12 + 16} = 6.86$,$\delta = 1\,304\sqrt{\frac{12.1}{6.86}} = 1\,729$ cm^{-1}。大多数有机化合物中羰基在红外光谱图中的吸收谱带,与此计算值基本一致。例如,酮分子的羰基吸收峰为

1 715 cm^{-1},酯分子的羰基吸收峰为 1 735 cm^{-1}。

影响基团振动频率(波数)的直接因素是构成化学键的原子的折合质量和化学键的力常数,化学键的力常数越大,原子折合质量越小,振动频率越高。C—C、C=C、C≡C 这 3 种基团的原子折合质量相同,化学键的力常数 k 的大小依次为单键<双键<三键,所以波数也依次增大。

不同分子,结构不同,化学键力常数和原子质量各不相同,分子振动频率各不相同,振动时所吸收的红外辐射频率也各不相同。因此,不同分子形成自身特征的红外光谱,这是红外光谱用于定性鉴定和结构分析的基础。

对于多原子分子,随着原子数目的增加,组成分子的化学键、基团和空间结构不同,其振动方式比双原子要复杂得多,但基本上可分为两种形式。

(1)伸缩振动

伸缩振动(v)是指原子沿着化学键的键轴方向缩短,键长发生周期性变化,而键角不变的振动。按其对称性不同,分为对称伸缩振动和不对称伸缩振动。

①对称伸缩振动(v^s):振动时各个键同时伸长或同时缩短。

②不对称伸缩振动(v^{as}):振动时各个键有的伸长,有的缩短。

伸缩振动吸收的能量较高,同一基团伸缩振动吸收谱带常出现在高波数区,基团环境改变对其影响不大。一般来说,同一基团不对称伸缩振动频率比对称伸缩振动频率又要高一些。

(2)弯曲振动

弯曲振动又称变形振动,是指基团键角发生周期性变化而键长不变的振动,可分为面内弯曲振动和面外弯曲振动。

①面内弯曲振动(β):指位于键角平面内的弯曲振动,可分为剪式振动和面内摇摆。剪式振动是指两个原子在同一平面内彼此相向弯曲,键角发生周期性变化的振动。面内摇摆振动(p)是指振动时键角不发生变化,基团作为一个整体在键角平面内左右摇摆。

②面外弯曲振动(γ):指垂直于键角平面的弯曲振动,可分为面外摇摆和扭曲振动。面外摇摆振动(o)是指基团作为一个整体做垂直于键角平面的前后摇摆,而键角不发生变化的振动。扭曲振动(r)是指振动时原子离开键角平面,向相反方向来回扭动。

③对称变形振动和不对称变形振动:AX 基团分子的变形振动有对称和不对称之分。

对称变形振动是指 3 个 AX 键与轴线的夹角同时变大(或减小)的振动。

不对称变形振动是指 3 个 AX 键与轴线的夹角不同时变大(或减小)的振动。

2)分子的振动自由度

分子基本振动的数目称为振动自由度。因为分子中的每一个原子可沿三维坐标的 x,y,z 轴运动,也就是说,空间每个原子有 3 个运动自由度。若分子由 N 个原子组成时,其总的运动自由度为 $3N$ 个,分别由分子平动、振动和转动自由度构成。所有分子都有 3 个平动(分子作为一个整体的平移运动)自由度。非线性分子,整个分子可以绕 3 个坐标轴转动,即有 3 个转动自由度。而线性分子,沿键轴方向的转动,不改变原子的空间坐标,其转动惯量为零,没有能量变化,因而线性分子只有两个转动自由度。

如图 3.4 所示,亚甲基(—CH$_2$—)的振动形式有:

①伸缩振动:包括对称伸缩振动和非对称伸缩振动。

②面内弯曲振动:包括面内剪式振动和面内摇摆振动。

③面外弯曲振动:包括面外摇摆振动和面外扭曲振动。

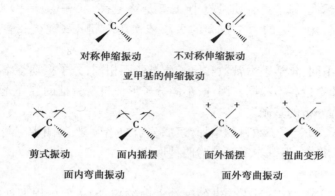

对称伸缩振动　　不对称伸缩振动

亚甲基的伸缩振动

剪式振动　　面内摇摆　　面外摇摆　　扭曲变形

面内弯曲振动　　　　面外弯曲振动

图3.4　亚甲基的6种振动形式

"+"—垂直于纸面向里运动;"-"—垂直于纸面向外运动

分子的振动自由度=分子的总自由度($3N$)-平动自由度-转动自由度,则

非线性分子振动自由度$=3N-3-3=3N-6$

线性分子振动自由度$=3N-3-2=3N-5$

例如,水分子是非线性分子,分子振动自由度$=3N-6=3\times3-6=3$,有3种基本振动方式。

任务3.2　基团频率及影响因素

物质的红外光谱是其分子结构的反映,谱图中的吸收峰与分子中各基团的振动形式相对应。实验表明,组成分子的各种基团,如$O—H$、$N—H$、$C—C$、$C=C$、$C=O$等,都有自己特定的红外吸收区域,而分子其他部分对其吸收位置影响较小。因此通过分析化合物的红外光谱图可以推测其结构。

3.2.1　红外吸收峰类型

1)基频峰

当分子吸收一定频率的红外光后,振动能级从基态(V_0)跃迁到第一激发态(V_1)时所产生的吸收峰,称为基频峰。基频峰的强度较大,是红外吸收光谱上最主要的一类峰。

2)泛频峰

在红外吸收光谱上除基频峰外,还有振动能级由基态(V_0)跃迁到第二激发态(V_2)、第三激发态(V_3)、第n激发态(V_n)时,所产生的吸收峰称为倍频峰。

除倍频峰外,尚有合频峰(两个或多个基频峰之和所在的峰)和差频峰(两个或多个基频峰之差所在的峰)。合频峰和差频峰多数为弱峰,一般在谱图上不易辨认。倍频峰、合频峰及差频峰统称为泛频峰。

3)特征峰和相关峰

凡是能用于鉴定基团(或化学键)存在,且具有较高强度的吸收峰称为特征峰,其对应的吸收频率称为特征吸收频率。如—C $\equiv$ N 的特征吸收峰在 2 247 cm^{-1}。

由于一种基团有多种振动形式,每一种具有红外活性的振动形式都有相应的吸收峰,因而常常不能只由一个特征峰来肯定官能团的存在。例如分子中如有—CH $\equiv$ CH$_2$ 存在,则在红外光谱图上能明显观测到 ν_{as}($\equiv$CH$_2$)、ν_{as}(C $\equiv$ C)、γ($\equiv$CH)、γ($\equiv$CH$_2$)4 个特征峰。这一组峰是因—CH $\equiv$ CH$_2$ 的存在而出现的相互依存的吸收峰称为相关峰。

3.2.2 基团频率

按照吸收的特征,红外光谱区可分为 4 000~1 300 cm^{-1} 和 1 300~600 cm^{-1} 两个区域,分别称为基团频率区和指纹区。

1)基团频率区

基团频率区内的吸收峰是由伸缩振动产生的吸收带(较稀疏),容易辨认。常用于鉴定基团(官能团),所以这一区域又称为官能团区或特征区。

基团频率区一般划分为 4 个区:

(1)X—H 键伸缩振震动区(4 000~2 500 cm^{-1})

X 可以是 O、N、C 或 S 等原子。主要提供有关羟基、氨基、烃基的结构信息。

①羟基(醇和酚的羟基):羟基的吸收峰处于 3 650~3 200 cm^{-1},它可以作为判断有无醇类、酚类和有机类的重要依据。

②氨基:氨基的吸收峰与羟基相似。游离氨基的红外吸收出现在 3 500~3 300 cm^{-1}。发生氢键缔合后约降低 100 cm^{-1}。

③烃基:不饱和碳(双键和苯环)与饱和碳(三元环除外)的碳氢键伸缩动频率以波数 3 000 cm^{-1} 为分界线。前者大于 3 000 cm^{-1},后者低于 3 000 cm^{-1} 且前者吸收峰强度较低,常在大于 300 cm^{-1} 处以饱和碳的碳氢键吸收峰的小肩峰的形式存在。

④其他:S、P 原子与 H 原子形成的单键 S—H、P—H 的伸缩振动吸收出现在这一区域的最右端,可一直延伸到 2 500 cm^{-1} 以下。

(2)三键和累积双键区(2 500~1 900 cm^{-1})

该区红外谱带较少,主要包括—C $\equiv$ C—、—C $\equiv$ N 等三键的伸缩振动,以及>C $\equiv$ C $\equiv$ C<、—N $\equiv$ C $\equiv$ O、—N $\equiv$ C $\equiv$ S 等累积双键的不对称伸缩振动。

(3)双键伸缩振动区(1 900~1 500 cm^{-1})

该区域主要包括>C $\equiv$ O、—N $\equiv$ O、>C $\equiv$ C<、>C $\equiv$ N—等的伸缩振动和苯环的骨架振动,以及芳香族化合物的泛频谱带。

①羰基:大部分羰基化合物的羰基的吸收峰都集中于 1 900~1 650 cm^{-1}。

②碳碳双键:碳碳双键的吸收峰出现在 1 670~1 600 cm^{-1},强度中等或较低。

③苯环的骨架振动:苯环的骨架振动约在 1 600,1 580,1 500 及 1 450 cm^{-1} 处。

(4)单键区(1 300~1 500 cm^{-1})

这个区域比较复杂,主要包括 C—O、C—X(卤素)等伸缩振动,C—H、N—H 变形振动以及

C—C 单键骨架振动等。

2）指纹区

在 1 300~600 cm^{-1}区域中，除单键的伸缩振动外，还有因变形振动产生的谱带。这些振动与整个分子的结构有关。当分子结构稍有不同时，该区的吸收就有微小的差异，并显示出分子的特征。这种情况类似于人类的指纹，因此称为指纹区。该区对于指认结构类似的化合物很有帮助，而且可以作为化合物存在某种基团的旁证。

3.2.3　影响因素

基团的振动频率主要取决于化学键的力常数和成键原子质量，但由于分子内部其他基团和环境因素的影响，基团频率及其强度在一定范围内发生变化，相同基团的特征吸收并不总在一个固定频率上。影响基团频率位移因素可分为内部因素和外部因素两种。

1）内部因素

（1）电子效应

电子效应包括诱导效应和共轭效应。

电负性不同的取代基，通过静电诱导作用，引起分子中电子云密度变化，从而引起化学键的力常数发生变化，使基团特征频率发生位移，这种效应称为诱导效应。随着取代基电负性的增大，振动频率向高波数位移；反之，向低波数位移。

例如，液体丙酮 $v_{C=O}$ 为 1 718 cm^{-1}，而酰氯 $v_{C=O}$ 则为 1 815~1 750 cm^{-1}，这是因为氯电负性比甲基大，产生吸电子诱导效应的结果。

共轭体系的分子由于大 π 键的形成，使电子云密度平均化，导致双键略有增长，单键略有缩短，致使双键振动频率向低波数位移，单键振动频率向高波数位移，这种效应称为共轭效应。

例如，液体丙酮 $v_{C=O}$ 为 1 718 cm^{-1}，而苯乙酮 $v_{C=O}$ 则下降到 1 685 cm^{-1}，因为苯环和羰基产生共轭效应。

（2）氢键效应

由于形成氢键而使电子云密度平均化，使振动频率向低波数位移，称为氢键效应。氢键的影响从羟基、氨基游离态和缔合态的红外光谱数据显而易见。

（3）振动耦合效应

当两个振动频率相同或相近的基团相邻并由同一原子相连时，它们之间相互作用，使振动频率发生分裂，一个向高频方向位移，另一个向低频方向位移，这种效应称为振动耦合效应。

例如，羧酸酐两个 $v_{C=O}$ 振动耦合分裂为 1 820 cm^{-1} 和 1 760 cm^{-1} 两个吸收峰，两峰相距大约 60 cm^{-1}。这是酸酐区别于其他羰基化合物的主要标志。

此外，环张力、互变异构、空间效应等因素，对振动频率均有影响。

2）外部因素

外部因素主要有试样的状态、制样方法、溶剂和温度等。同一物质，聚集状态不同，分子间作用力不同，其吸收光谱也不同。通常物质由固态向气态变化，其波数将增加。极性基团的伸缩振动频率，随溶剂极性增加而降低，而在非极性溶剂中变化不大。物质在低温时，吸收峰尖锐一些，复杂一些，随着温度升高，谱带变宽，峰数变少。因此，在查阅标准红外图谱时，应注意试样状态、制样方法和测量条件等因素。

任务 3.3 红外光谱仪

傅立叶变换红外光谱仪工作原理如图 3.5 所示,由光源 S 发出的红外光由凹面反射镜,变成平行光束,射入干涉仪内的分光板 BS 上,其中一半(称为 Ⅰ)透过 BS 射到定镜 M₁,另一半(称为 Ⅱ)被反射到动镜 M₂,Ⅰ 和 Ⅱ 再由 M₁、M₂ 反射回到 BS 上(为便于理解,图中将反射光束移位绘成虚线)。同理,Ⅰ 和 Ⅱ 又被反射和透射到检测器 D 上。

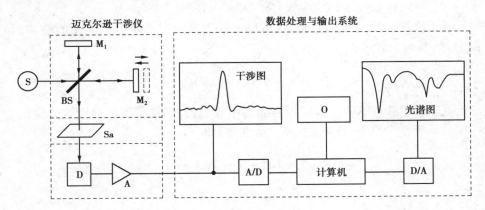

图 3.5 傅立叶变换红外光谱仪结构示意图

S—光源;M₁—定镜;M₂—动镜;BS—分光板;D—检测器;Sa—样品;

A—放大器;A/D—模数转换器;D/A—数模转换器;O—外部设备

如果进入干涉仪的是波长 A 的单色光,开始时,因 M₁ 和 M₂ 与分光板 BS 的距离相等(此时 M₂ 称为零位),Ⅰ 光束和 Ⅱ 光束到达检测器时相位相同,发生相长干涉,亮度最大。当动镜移动到入射光的 $\frac{1}{4}\lambda$ 距离时,则 Ⅰ 光的光程变化为 $\frac{1}{2}\lambda$,在检测器上两光束的位相差为 180°,发生相消干涉,亮度最小。当动镜 M₂,移动 $\frac{1}{4}\lambda$ 的奇数倍,即 Ⅰ 和 Ⅱ 的光程差 X 为 $\pm\frac{1}{2}\lambda$,$\pm\frac{3}{2}\lambda$,$\pm\frac{5}{2}\lambda$,…时(±表示动镜由零位向两边的位移),都会发生相消干涉。同样,当动镜 M₂ 移动 $\frac{1}{4}\lambda$ 的偶数倍时,则会发生相长干涉。因此,当动镜 M₂ 匀速移动时,即匀速连续地改变 Ⅰ 和 Ⅱ 光束的光程差,就会得到如图 3.6(a)所示的干涉图。

该干涉图为一余弦曲线,其数学表达式为

$$I(X) = B(\bar{\nu})\cos 2\pi\bar{\nu}X$$

式中 $I(X)$ —— 干涉图上某点的强度,它是光程差 X 的函数;

$B(\bar{\nu})$ —— 样品吸收光谱上某点的强度,它是波数 $\bar{\nu}$ 的函数。

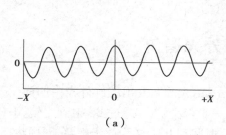
（a）

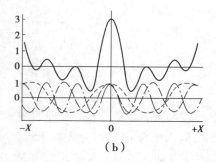
（b）

图 3.6　迈克尔逊干涉图

（a）单光束的干涉图 ；（b）复合光的干涉图

当入射光为连续波长的复合光时,则所得干涉图为所有单色光干涉图的叠加,如图 3.6（b）所示,显然,其数学表达式为

$$I(X) = \int_{-\infty}^{+\infty} B(\bar{\nu}) \cos 2\pi \bar{\nu} X \mathrm{d}\bar{\nu}$$

由于迈克尔逊干涉仪不能直接获得样品的吸收光谱,只能得到样品吸收光谱的干涉图。为了获得样品的吸收光谱图,必须进行傅立叶变换,即

$$B(\bar{\nu}) = \int_{-\infty}^{+\infty} I(X) \cos 2\pi X \bar{\nu} \mathrm{d}\bar{\nu}$$

任务 3.4　红外光谱的应用

3.4.1　定性分析

红外光谱的定性分析大致分为官能团定性和结构分析两个方面。官能团定性是根据化合物的特征基团频率来推定待测物质中含有哪些基团,从而确定有关化合物的类别。结构分析（或称结构剖析）是将化合物的红外吸收光谱与纯物质的标准谱图（如谱库）进行对照,如果两张谱图各吸收峰的位置和形状完全相同,峰的相对吸收强度也一致,就可初步判定该样品即为该纯物质;相反,如果两谱图各吸收峰的位置和形状不一致,或峰的相对强度不一致,则说明样品与纯物质不是同一物质或样品中含杂质。

定性分析的一般步骤:

（1）收集未知样品的有关资料和数据

了解试样的来源和性质（如相对分子质量、熔点、沸点、溶解度等）,收集相关资料（如紫外吸收光谱、核磁共振波谱、质谱等）,对图谱的解析有很大帮助,可以大大节省谱图的解析时间。

（2）试样的分离与纯化

用各种分离方式（如分馏、萃取、重结晶、层析等）提纯未知试样,可得到单一的纯物质。

否则,试样不纯不仅会给光谱的解析带来困难,还可能引起"误诊"。

（3）确定未知物的不饱和度

不饱和度（U）是表示有机分子中碳原子的不饱和程度。计算不饱和度的经验公式为:

$$U = 1 + n_4 + \frac{1}{2}(n_3 - n_1)$$

式中　n_1、n_3、n_4——分别为分子中1价、3价和4价原子的数目（2价原子如O、S等不参加计算）。

通常规定双键与饱和环状结构的不饱和度为1,三键的不饱和度为2,苯环的不饱和度为4。

例如,$C_6H_5NO_2$ 的不饱和度 $U=1+6+(1-5)/2=5$,即一个苯环和一个NO键。

（4）图谱解析

获得红外光谱图后,即可进行谱图解析。即根据物质的红外吸收光谱确定物质含有哪些基团。

（5）标准红外光谱图库的应用

最常见的标准红外光谱图库有萨特勒（Sadtler）标准红外光谱图库、Aldrich 红外光谱图库和 Sigma Fourier 红外光谱图库。其中萨特勒标准图库最常用,其优点如下:

①谱图收集丰富,已收录7万多张红外光谱图。

②备有多种索引,包括化合物名称索引、化合物分类索引、分子式索引、官能团字母顺序索引、相对分子质量索引、波长索引等,检索方便。

③同时检索紫外、红外、核磁氢谱和核磁碳谱的标准谱图,还备有这些谱的总索引,可以很快地从总索引查到某一种化合物的这几种谱图。

【案例3.1】　已知某化合物的化学式为 C_4H_8O,其红外光谱图如图3.7所示,试解析其结构并说明依据。

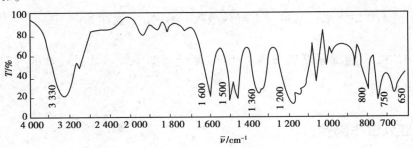

图3.7　未知化合物 C_4H_8O 的红外吸收光谱图

解:

①计算不饱和度:

计算得: $U = 1 + n_4 + \frac{1}{2}(n_3 - n_1) = 1 + 4 + \frac{1}{2}(0-8)$

分子不饱和度为1,判断为脂肪族的醛或酮。

②主要吸收峰的归属见表3.3:

表 3.3　未知化合物 C_4H_8O 的主要吸收峰的归属

波数/cm^{-1}	归　属	结构信息
2 990,2 981,2 883	饱和碳氢(C—H)伸缩振动,v_{C-H}	CH_2,CH_3
1 716	C=O 伸缩振动峰,$v_{C=O}$	C=O
1 365	甲基对称变形振动峰,δ_{CH_3}	O=C—CH_3
1 170	C—C 伸缩振动峰	

③官能团:CH_2,CH_3,C=O, O=C—CH_3。

④推断结构式为:

$$H_3C—CH_2—\overset{\overset{O}{\|}}{C}—CH_2$$

任务 3.5　实验技术

高质量的红外光谱图不仅与仪器本身有关,还与试样的制备方法有很大关系。

3.5.1　红外光谱对试样的要求

①试样应该是单一组分的纯物质,纯度应大于98%或符合商业标准。多组分样品应在测定前用分馏、萃取、重结晶、离子交换等方法进行分离提纯,否则各组分光谱相互重叠,难以解析。

②试样中应不含游离水。水本身有红外吸收,会严重干扰样品谱图,还会侵蚀吸收池的盐窗。

③试样的浓度和测试厚度应选择适当,以使光谱图中大多数吸收峰的透射比为15%~80%。

3.5.2　红外试样制备方法

1)固体试样的制备

(1)压片法

将固体样品 0.5~1.0 mg 与 150 mg 左右的光谱纯 KBr 在玛瑙研钵中研细混匀后放在压模内,在压片机上边抽真空边加压,制成厚度约 1 mm,直径约为 10 mm 的透明薄片,然后直接进行测定。其注意事项:

①为减少光的散射,应尽可能将样品研细(小于 2 μm),由于粒度大小影响样品的吸光度,每次研磨中无法准确控制样品的粒度,因而准确度和精确度不如溶液法。

②由于 KBr 具有吸湿性,研磨应快速操作,或在干燥箱中进行,压片后还要用红外灯烘烤干燥。

③对于不稳定的化合物不宜采用压片法。

④压片法测试后的样品可以回收。

（2）调糊法

将干燥的样品(5~10 mg)置于研钵中充分研细,滴入 1~2 滴重烃油(液体石蜡)调成糊状,然后夹在两窗片之间进行测定。其注意事项:

①该法不适用于难以粉碎的试样。

②液体石蜡用量过多会出现自吸现象,过少又难以制成糊状,因此应准确掌握其用量。

③用石蜡油做糊剂不能用来测定饱和碳氢键的吸收情况,此时可改用氯丁二烯做糊剂。

④此法适用于样品中含有羟基的测定。

（3）薄膜法

此法适用于高分子化合物的测定。一些高分子薄膜可直接用来测定,而更多的是将样品制成薄膜。常用的是熔融法和溶液成膜法。熔融法适用于一些低熔点、热稳定性好的样品。具体方法:将样品放在窗片上用红外灯烤,使其受热成流动性液体后加压成膜。溶液成膜法是将样品溶于挥发性溶剂后倒在洁净的玻璃板上,在减压干燥器中使溶剂挥发后形成薄膜,再用组合窗板固定后测定。

2) 液体试样的制备

（1）液膜法

液膜法也称夹片法。即在可拆卸两侧之间,滴上 1~2 滴液体样品,使其形成一层薄的液膜。液膜厚度可借助于池架上的紧固螺丝做细小调节。该法操作简单,适用于对高沸点及浓溶液样品进行定性分析。

（2）溶液法

溶液法适用于液体样品(挥发性液体)及固体样品溶液的测定,可用于定量分析。将样品溶于适当溶剂(如 CS_2、CCl_4、$CHCl_3$ 等)配成一定浓度的溶液,用注射器注入液体池中进行测定。

3) 气体试样的制备

气体试样可直接在气体吸收池中测试。但气体分子彼此相距较远,因此需要的光路很长。常用于气体或气体混合物试样测定的吸收池一般都具有氯化钠晶体的玻璃窗,它的光程可以从几厘米到几米。

（1）气体槽

为便于更换盐窗,气体槽通常做成可拆卸式。常用光程为 5 cm 和 10 cm 的气体槽,容积为 50~150 mL,如图 3.8 所示。

（2）长光程气体槽

对于痕量组分的气体试样(如污染空气)、吸收较弱的气体试样以及低蒸气压物质试样的测定,应采用长光程的气体槽。为了减小吸收池的体积,通常使用具有内表面反射的吸收池,使光束在吸收池内反复多次反射(每次都经过样品),以增加光程长度,如图 3.9 所示。使用气体吸收池测定气体试样时,应先将气体吸收池排空,再充入样品气体,密闭后测试。

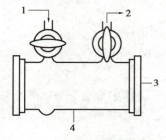

图 3.8　红外气体槽

1—试样进口;2—抽气口(接真空泵);3—盐窗;4—玻璃槽体

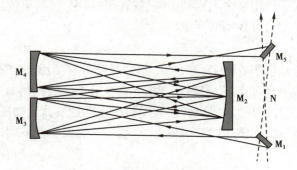

图 3.9　长光程气体槽光路图

M_1,M_2—平面反射镜;M_3,M_4,M_5—球面镜;N—通常试样的位置

实训 3.1　红外光谱法鉴定邻苯二甲酸氢钾和正丁醇

1)实验目的

①了解红外光谱仪的基本结构、工作原理及操作技术。

②熟悉有机化合物特征基团的红外吸收频率,初步掌握红外定性分析方法。

③掌握常规试样的制备方法。

2)实验原理

当一束连续变化的红外光照射样品时,其中一部分光被样品吸收(吸收的光能转变为分子的振动能量和转动能量),另一部分光透过样品。若将透过的光用单色器色散,可以得到一暗条的谱带。以波长 λ 或波数 $\bar{\nu}$ 为横坐标,以百分透过率 T 为纵坐标,将谱带记录下来,就得到该样品的红外吸收光谱图。通过解析红外光谱图,可以判定有机化合物的基团(官能团)以及鉴定有机化合物的结构。

3)仪器与试剂

(1)仪器

红外光谱仪,溴化钾窗片,液体池,玛瑙研钵,油压机、压片模具、样品架。

（2）试剂

溴化钾，无水乙醇，丙酮，四氯化碳，邻苯二甲酸氢钾，正丁醇。

除非特别说明，所用试剂均为分析纯。

4）实验步骤

（1）试样制备

①液膜法：取1~2滴正丁醇样品滴到两个溴化钾窗片之间，形成一层薄的液膜（注意不要有气泡），用夹具轻轻夹住后测定光谱图。如果样品吸收很强，需用四氯化碳配成浓度较低的溶液再滴入液体池中测定。

②压片法：取1.3 mg左右的邻苯二甲酸氢钾与200 mg干燥的溴化钾在玛瑙研钵中充分研磨，混匀后压片（本底采用纯溴化钾压片）。

（2）试样检测

①打开仪器电源开关和计算机电源，运行工作站。

②插入样品片进行红外光谱测定。

（3）图谱对比

在萨特勒标准图谱库中查得邻苯二甲酸氢钾和正丁醇的标准红外谱图，并将实验结果与标准图谱进行对照。

（4）谱图解析

在测定的谱图中根据吸收带的位置、强度和形状，利用各种基团特征吸收峰，确定吸收带的归属。红外光谱图上的吸收峰并非要一一解释，一般只解释较强的峰，同时查看基团的相关峰是否也存在，作为佐证。

5）数据处理

数据处理见实训表3.1。

实训表3.1　数据处理

待测样品	理论数据		实验数据	
	特征吸收峰/cm^{-1}	振动类型	特征吸收峰/cm^{-1}	强　度
邻苯二甲酸氢钾				
正丁醇				

6）注意事项

①溴化钾的浓度和厚度要适当，在样品的研磨和放置过程中要特别注意干燥。

②不可用手触摸溴化钾窗片表面，实验完成后用丙酮清洗窗片，用镜头纸或脱脂棉擦拭后放入干燥器中保存。

③处理谱图时，平滑参数不要选择过高，否则会影响谱图的分辨率，并使谱图失真。

④用压片法时，一定要用镊子从压片模具中取出压好的薄片，切忌用手直接触摸，以免玷污薄片。

⑤在液膜法中固定窗片时，旋转螺帽要采用对角线法，否则易将窗片挤裂。

实训 3.2　红外光谱法测定车用汽油中苯的含量

1) 实验目的

①掌握红外光谱法定量分析原理。

②掌握液体样品的制备技术。

③掌握液体池的使用方法。

④了解红外光谱法测定车用汽油中苯含量的方法。

2) 实验原理

红外光谱定量分析是通过对特征吸收谱带(特征吸收峰)强度的测量来求出组分含量,其理论依据是朗伯-比尔定律。

在波数 400~690 cm^{-1},分别测出甲苯标准溶液和苯系列标准溶液的红外光谱图。分别用 460 cm^{-1}(甲苯特征吸收峰)和 673 cm^{-1}(苯特征吸收峰)分析峰的峰面积减去基线500 cm^{-1}的峰面积,得到相应波数的净峰面积,利用 673 cm^{-1} 和 460 cm^{-1} 的净峰面积之比求出甲苯校正系数。测定波数 673 cm^{-1},460 cm^{-1} 和 500 cm^{-1} 的峰面积,计算校正后的苯的峰面积($A_{校正}$ = A_{673} − A_{460} × 甲苯校正系数)。用苯标准液浓度对校正后的苯峰面积作图绘制标准曲线。测定未知样品的谱图,计算未知样品中苯的浓度。

苯是一种有毒化合物,测定汽油中苯的含量有助于评价汽油使用过程中对人体的伤害。本实验用红外光谱法测定车用汽油中苯的含量。由于汽油中的甲苯干扰测定,需要对结果进行校正。

3) 仪器与试剂

(1) 仪器

红外光谱仪,溴化钾窗片,液体池,样品架。

(2) 试剂

苯,甲苯,异辛烷或正庚烷,车用汽油样品。

除非特别说明,所用试剂均为分析纯。

4) 实验步骤

(1) 标准溶液的配制

①苯系列标准溶液:移取一定量的苯于 100 mL 容量瓶中,用不含苯的汽油稀释至刻度,摇匀。配成浓度为 1%,2%,3%,4%,5%(体积分数)苯系列标准溶液。

②甲苯标准溶液:准确移取 2.00 mL 甲苯于 10 mL 容量瓶中,用正庚烷或异辛烷稀释至刻度,混匀后备用。

(2) 标准曲线的绘制

①测定甲苯的校正系数:用微量注射器准确移取 100 μL 甲苯标准溶液,在波数 400~690 cm^{-1} 扫描,获取甲苯标准溶液的红外光谱图,分别用 460 cm^{-1}(甲苯特征吸收峰)和

673 cm⁻¹（苯特征吸收峰）分析峰的峰面积减去基线 500 cm⁻¹ 的峰面积，得到相应波数的净峰面积。甲苯的校正系数等于 673 cm⁻¹ 和 460 cm⁻¹ 的净峰面积之比。测量温度为 25 ℃，相对湿度为 50%。

②苯系列标准溶液的测定：用微量注射器准确移取 100 μL 苯标准溶液在波数 400～690 cm⁻¹ 扫描获取红外光谱图，并测定波数为 673 cm⁻¹、460 cm⁻¹ 和 500 cm⁻¹ 的峰面积，计算校正后的苯的峰面积（$A_{校正} = A_{673} - A_{460} × 甲苯校正系数$）。

③标准曲线的绘制：用苯标准液浓度对校正后的苯峰面积作图，绘制标准曲线。

（3）样品测定

测定未知样品的谱图，并计算待测样品中苯的浓度。

5）数据处理

（1）甲苯校正系数数据记录（实训表 3.2）

实训表 3.2　甲苯校正系数数据

特征吸收峰/cm⁻¹	673	460	500	校正系数 A_{673}/A_{460}
峰面积				

（2）样品测定数据记录（实训表 3.3）

实训表 3.3　样品测定数据

苯标准溶液浓度/%	峰面积			
	673 cm⁻¹	460 cm⁻¹	500 cm⁻¹	苯校正峰面积
1				
2				
3				
4				
5				
待测样品				

6）注意事项

①样品池需用异辛烷或类似溶剂进行洗涤，并真空干燥。

②所有测试均在室温条件下进行，装样时要避免形成气泡。

③由于湿气对本实训有影响，所以测定过程中要避免样品吸湿。

实训 3.3　红外吸收光谱法鉴定阿司匹林

1）实验目的

①了解傅立叶变换红外光谱仪的基本构造及工作原理。

②学习用傅立叶变换红外光谱仪进行样品测试。

③学习利用红外光谱法鉴别阿司匹林。

2）实验原理

有机药物分子的组成、结构、官能团不同时，其红外吸收光谱也不同，可据此进行药物的鉴别。依据 2015 年版《中华人民共和国药典》，在进行药物鉴别实验时采用与对照图谱比较法，要求按规定条件绘制供试品的红外光吸收图谱，与相应的标准红外图谱进行比较，核对是否一致（峰位、峰形、相对强度），如果两图谱一致时，即为同一种药物。

3）仪器与试剂

（1）仪器

IRPrestige-21 型傅立叶变换红外光谱仪，压片机，模具，玛瑙研钵，样品架，电子天平，干燥器，烘箱，真空泵。

（2）试剂

阿司匹林原料药，溴化钾（色谱纯）。

4）实验步骤

（1）制备样品

①空白对照溴化钾片的制备：用电子天平称取 200 mg 干燥的溴化钾置于洁净的玛瑙研钵中研磨均匀，移置于压模中，使铺布均匀，压模与真空泵相连，抽真空约 2 min 后，加压至 800 000~1 000 000 kPa，保持 5 min，除去真空，取下模具，冲出 KBr 片，目视检查应均匀透明，无明显颗粒。

②样品阿司匹林片的制备：称取干燥的阿司匹林（乙酰水杨酸）2 mg 和干燥的溴化钾 200 mg 置于玛瑙研体中，同空白对照溴化钾片的制备方法一样制得阿司匹林片。

（2）用红外光谱仪采集信息

①开机：开启计算机及光谱仪，打开操作界面，预热 20 min。

②参数设置：设置扫描次数（No.of scans）为 10 次，设置分辨率（Resolution）为 4，设置记录范围（Range）为 400~4 000。其他项目均默认设置。

③图谱扫描：a.背景扫描：将对照品溴化钾片置于光路，单击 BKG 按钮进行背景扫描。b.样品扫描：把样品阿司匹林片放入样品室，单击 Sample 按钮进行样品测试，测试完成后获得阿司匹林样品的图谱，打印图谱。

④关机：实验结束后，关闭操作窗口，将仪器复原（不同型号的傅立叶红外光谱仪操作规程有所不同，参见其说明书）。

（3）阿司匹林样品鉴别

在实验绘制的样品图谱官能团区找出—C＝O、—OH、—C—O—C、—CH₃、苯环等的特征峰，在指纹区找出苯环邻位取代的特征峰，然后与标准图谱（实训图 3.1）分析比对是否一致（峰位、峰形、相对强度）。

阿司匹林标准图谱如实训图 3.1 所示。

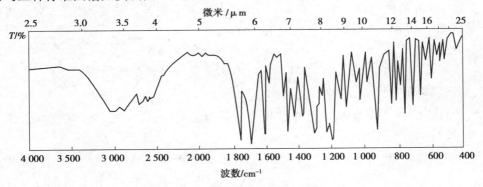

实训图 3.1　阿司匹林标准图谱

5）注意事项

①录制红外光谱时，必须对仪器进行校正，以确保测定波数的准确性和仪器的分辨率符合要求。

②压片模具使用时压力不能过大，以免损坏模具；使用完毕后用无水酒精棉擦洗干净，放入干燥器中备用。玛瑙研钵使用完毕后也用无水酒精棉擦洗干净，放入干燥器中备用。

③供压片用溴化钾于无光谱纯品时，可用分析纯试剂，如无明显吸收，则无须精制，可直接使用。

 思考与练习

一、选择题

1.下列分子中，不能产生红外吸收的是（　　　）。

A.CO　　　　　　　　B.H_2O　　　　　　　　C.SO_2　　　　　　　　D.H_2

2.电磁辐射（电磁波）按其波长可分为不同区域，其中红外波长区是（　　　）。

A.12 820～4 000 cm⁻¹　　　　　　　B.4 000～400 cm⁻¹

C.200～33 cm⁻¹　　　　　　　　　　D.33～10 cm⁻¹

3.在有机化合物的红外吸收光谱分析中，出现在波数 4 000～1 250 cm⁻¹ 的吸收峰可用于鉴定官能团，这一段频率范围是（　　　）。

A.指纹区　　　　　　B.特征区　　　　　　C.基频区　　　　　　D.合频区

4.下列伸缩振动基频吸收红外光波数最高的是（　　　）。

A.C＝C　　　　　　　B.C＝O　　　　　　　C.O—H　　　　　　　D.C—H

5.红外光谱仪的样品池窗片是（　　　）。

A.玻璃做的　　　　　　B.石英做的　　　　　C.溴化钾做的　　　　D.花岗岩做的

6.使基团频率向高波数位移的因素是(　　　)。

A.吸电子诱导效应　　B.氢键　　　　　　　C.溶剂极性增大　　D.共轭效应

7.乙炔分子的平动、转动和振动自由度的数目分别为(　　　)。

A.2,3,3　　　　　　　B.3,2,8　　　　　　C.3,2,7　　　　　　D.2,3,7

8.在醇类化合物的红外光谱中,O—H的伸缩振动频率随溶液浓度的增加,向低波数方向位移的原因是(　　　)。

A.诱导效应变大　　　　　　　　　　B.形成氢键增强

C.溶液极性变大　　　　　　　　　　D.易产生振动耦合

二、光谱解析题

1.某未知物的分子式为 C_8H_{16},其红外光谱图如图所示,试通过光谱解析推断其可能的结构。

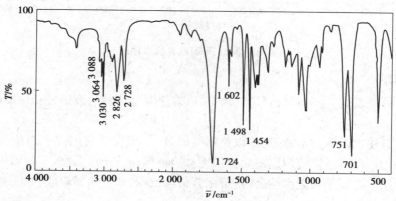

三、简答题

1.红外光谱产生的条件有哪些?

2.影响基团频率的因素有哪些?

3.红外光谱和紫外光谱有什么区别?

4.物质分子产生红外吸收的条件是什么?

项目 4　电位分析法

📖 【知识目标】

了解电位分析法的特点。

了解电位分析方法的选择。

掌握指示电极与参比电极的概念及作用。

能够进行溶液 pH 值的测定。

📖 【能力目标】

会使用酸度计和电位滴定仪。

能应用永停滴定法测定物质含量。

电位分析法是电化学分析法中的一个重要组成部分,它是利用物质的电学及电化学性质进行分析的仪器分析方法。

电位分析法包括直接电位法和电位滴点法两种,直接电位法是通过测量原电池的电动势,根据电动势与溶液中某种离子的浓度(活度)之间的定量关系来求出待测物质浓度;电位滴定法是通过测量滴定过程中电池电动势的突变确定滴定终点,再由滴定终点时所消耗的标准溶液的体积和浓度求出待测物质的含量。

电位分析法具有如下优点:

①简单方便,费用低:相对于其他仪器方法,电位分析仪器造价低,便于携带,适合现场操作。

②选择性好,操作快捷:因为使用离子选择性电极,减少了样品预处理中分离干扰离子的操作步骤;对于有色、浑浊和黏稠溶液,可直接用电位分析法测定;电极响应快,几秒钟内读数。

③灵敏度高:直接电位法的检出限一般为 $10^{-8} \sim 10^{-5}$ mol/L,特别适用于微量组分的测定。

④样品用量少:若使用特制的电极,所需试液可少至几微升。

⑤自动化程度高:由于电位分析所测的电位变化信号可以连续显示和自动记录,有利于实现自动化分析。

⑥应用范围广:广泛应用于食品、化工、环境监测、医药等领域。

电位分析法的缺点是精密度和重现性较差,受实验条件影响较大,标准曲线不及光度法稳定,影响了该方法实际潜力的充分发挥。

任务 4.1 基本原理

4.1.1 活度及活度系数

在水溶液或熔融状态下能够导电的化合物称为电解质,电解质的水溶液称为电解质溶液。电解质可分为强电解质和弱电解质两类,强电解质在水溶液中完全电离成离子,如 NaCl、NaOH、HCl 等;弱电解质在水溶液中只有部分电离成离子,如 HAc、$NH_3 \cdot H_2O$、H_2S 等。在强电解质溶液中,实际上可起作用的离子浓度称为有效浓度,又称活度,用 α 表示,活度 α 与实际浓度(摩尔质量或物质的量浓度)c 的关系为

$$\alpha = \gamma c$$

式中　γ ——离子的活度系数。

γ 不仅决定于该离子的浓度和电荷,还受溶液中其他离子的浓度和电荷的影响,也即离子强度的影响。离子强度反映了离子间作用力的强弱,离子强度越大,离子间作用力越强,活度系数 γ 就越小;反之,离子强度越小,离子间作用力越弱,活度系数 γ 就越大。在稀溶液中活度系数 γ 近似为 1。

4.1.2 常用电极

1)指示电极

在电化学分析中,指示电极用于指示待测离子的活度(或浓度)或其对应的电极电位,其电极电位随溶液中待测离子的活度或浓度变化而变化。常用的指示电极有金属基电极和离子选择性电极。

(1)金属基电极

①金属-金属离子电极(第一类电极):由金属与含有该金属离子的溶液组成。将金属浸在含有该种金属离子溶液中,达到平衡后构成的电极即为金属-金属离子电极,又称为活泼金属电极。其电极电位决定于金属离子的浓度,可作为测定金属离子浓度的指示电极。

如将洁净光亮的银丝插入含 Ag^+ 的溶液中组成的银电极,可表示为:$Ag|Ag^+$。其电极反应和电极电位(25 ℃)分别为

$$Ag^+ + e \longrightarrow Ag$$

$$\varphi = \varphi^{\ominus}_{Ag^+/Ag} + 0.059\ 2\ \lg c_{Ag^+}$$

这类电极还有 $Cu|Cu^+$,$Zn|Zn^+$,$Ni|Ni^+$ 等,这类电极的电位仅与金属离子的浓度(活度)有关,故可用于测定溶液中相同金属离子浓度(活度)。

②金属-金属难溶盐电极(第二类电极):这类电极是由一种金属丝涂上该金属的难溶盐,并浸入与难溶盐相同的阴离子溶液中组成。其电极电位随溶液中阴离子浓度的变化而变化,

因此,可作为测定难溶盐阴离子浓度的指示电极。常见的有甘汞电极($Hg \mid Hg_2Cl_2, Cl^-$)、银-氯化银电极($Ag \mid AgCl, Cl^-$)等。

以银-氯化银电极为例,其电极反应和电极电位($25\ ℃$)分别为

$$AgCl + e \Longleftrightarrow Ag + Cl^-$$

$$\varphi = \varphi^{\ominus}_{Ag^+/Ag} - 0.059\ 2\ \lg c_{Cl^-}$$

第二类电极容易制作、电位稳定、重现性好,又克服了氢电极使用氢气的不便,在测量电极的相对电位时,常用它来代替标准氢电极,也常用作参比电极。

③惰性金属电极(零类电极):这类电极是由性质稳定的惰性金属(铂、金)或石墨插入同一元素的两种不同氧化态的离子溶液中组成,也称氧化还原电极。其中惰性电极本身并不参加反应,仅作为导体,是物质的氧化态和还原态交换电子的场所。其电极电位取决于溶液中氧化态与还原态物质浓度(活度)之间的比值,可作为测定溶液中氧化态与还原态物质浓度(活度)及其比值的指示电极。

例如,将铂丝插入 Fe^{3+} 和 Fe^{2+} 混合溶液中,可表示为:$Pt \mid Fe^{3+}, Fe^{2+}$。其电极反应和电极电位($25\ ℃$)分别为

$$Fe^{3+} + e \Longleftrightarrow Fe^{2+}$$

$$\varphi = \varphi^{\ominus}_{Fe^{3+}/Fe^{2+}} + 0.059\ 2\ \lg \frac{c_{Fe^{3+}}}{c_{Fe^{2+}}}$$

(2)离子选择性电极

离子选择性电极也称膜电极,是20世纪60年代发展起来的一种新型电化学传感器,利用选择性薄膜对特定离子产生选择性响应,以测量或指示溶液中的离子浓度或活度的电极。这类电极的共同特点是:电极电位的形成是以离子的扩散和交换为基础,没有电子的转移。膜电极的电极电位与溶液中某特定离子浓度的关系符合能斯特方程式。玻璃电极就是最早的氢离子选择性电极。近年来,各种类型的离子选择性电极相继出现,应用它作为指示电极,具有简便、快速和灵敏的特点,特别是它适用于某些难以测定的离子,因此发展非常迅速,应用极为广泛。

离子选择性电极是其电极电位对离子具有选择性响应的一类电极,是一种电化学传感器,敏感膜是其主要组成部分,其基本结构如图4.1所示。

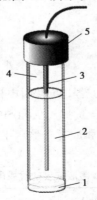

图 4.1 离子选择性电极示意图

1—敏感膜;2—内参比溶液;3—内参比电极;4—电极腔体;5—电极帽

当膜表面与待测溶液接触时,对某些离子有选择性地响应,通过离子交换或扩散作用在膜两侧产生电位差。因为内参比溶液的浓度为恒定值,所以离子选择性电极的电位与待测离子的浓度之间关系符合能斯特方程式。因此,测定原电池的电动势,便可求得待测离子的浓度。

对阳离子有响应的电极,其电极电位为

$$\varphi = K + \frac{0.059\ 2}{n} \lg c_{M^{n+}}$$

对阴离子有响应的电极,其电极电位为

$$\varphi = K - \frac{0.059\ 2}{n} \lg c_{R^{n-}}$$

离子选择性电极的膜电位不仅是通过简单的离子交换或扩散作用建立的,还与离子的缔合、配位作用等有关;另外,有些离子选择性电极的作用机制目前还不是很清楚,有待于进一步研究。

2)参比电极

参比电极是与被测物质无关,电位已知且稳定,提供测量电位参考的恒电位电极。参比电极应电位稳定,重现性好,易于制备,简单耐用。

标准氢电极(SHE)是作为确定其他电极的基准电极,国际纯粹与应用化学联合会(IUPAC)规定其电极电位在标准状态下为零,其他电极的电位值就是相对于标准氢电极电位确定的。但由于它是一种气体电极,使用时很不方便,制备较麻烦,并且容易受有害成分作用而失去其灵敏性。因此,在电化学分析中,一般不用氢电极,常用容易制作的甘汞电极、银-氯化银电极等作为参比电极,在一定条件下,它们的稳定性和再现性都比较好。

(1)甘汞电极(SCE)

甘汞电极是由金属 Hg,Hg_2Cl_2 以及 KCl 溶液组成的电极,其构造如图 4.2 所示。电极由两个玻璃套管组成,内管中封接一根铂丝,铂丝插入纯汞中(厚度为0.5～1 cm),下置一层甘汞(Hg_2Cl_2)和汞的糊状物,玻璃管中装入 KCl 溶液,电极下端与被测溶液接触部分是熔结陶瓷芯或石棉丝。

电极符号为

$$Hg,Hg_2Cl_2(s) \mid KCl(a)$$

电极反应为

$$Hg_2Cl_2(s) + 2e = 2Hg(s) + 2Cl^-$$

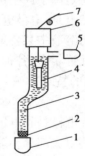

图 4.2　饱和甘汞电极示意图
1—橡皮帽;2—多孔物质;3—KCl 饱和液;
4—内部电极;5—橡皮帽;6—绝缘体;7—导线

Hg 和 Hg_2Cl_2 为固体,根据能斯特方程,25 ℃时电极电位为

$$\varphi_{Hg_2Cl_2/Hg} = \varphi^{\ominus}_{Hg_2Cl_2/Hg} - 0.059\ 2 \lg c_{Cl^-}$$

当温度一定时,甘汞电极的电势主要取决于氯离子的浓度。若氯离子浓度一定,则电极电势是恒定的,见表4.1。

表 4.1　不同 KCl 溶液浓度的甘汞电极电位(25 ℃)

KCl 溶液浓度	0.1 mol/L	1 mol/L	饱和
电极电势/V	+0.336 5	+0.288 8	+0.243 8

（2）银-氯化银电极

银-氯化银电极由银丝上覆盖一层氯化银，并浸在一定浓度的 KCl 溶液中构成，如图 4.3 所示。

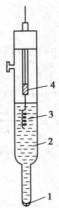

图 4.3 银-氯化银电极示意图
1—石棉丝;2—KCl 溶液;3—Ag/AgCl 丝;4—环氧树脂

电极符号为

$$Ag,AgCl(s)|Cl^-(a)$$

电极反应为

$$AgCl(s)+e \Longrightarrow Ag(s)+Cl^-$$

电极电位（25 ℃）为

$$\varphi_{AgCl/Ag} = \varphi^\ominus_{AgCl/Ag} - 0.059\ 2\lg c_{Cl^-}$$

由此可知，其电极电势随氯离子浓度的变化而变化。如果把氯离子溶液作为内参比溶液并固定其浓度不变，Ag-AgCl 电极就可作为参比电极使用。

任务 4.2 离子选择性电极

离子选择性电极（ISE）又称离子敏感电极或膜电极，它是由一种对溶液中某种特定离子具有选择性响应的敏感膜为关键部件所构成的指示电极，其电位与溶液中响应离子活度的对数呈线性关系。离子选择性电极与金属电极在原理上有本质上的不同，它不发生电子转移，只是在膜表面上发生离子交换而形成膜电位，因此，它是一种电化学传感器。离子选择性电极是电位分析中使用最多、应用最广的指示电极。

4.2.1 离子选择性电极的基本结构

离子选择性电极一般由内参比电极、内参比液、敏感膜 3 部分组成。结构示意图如图 4.1

所示,内参比电极一般用银-氯化银电极;内参比液一般由响应离子的强电解质及氯化物溶液组成:敏感膜由不同敏感材料制成(如单晶、晶液、功能膜及生物膜等),它是离子选择性电极的关键部件。由于敏感膜内阻很高,故需要良好地绝缘。

4.2.2　离子选择性电极的膜电位

将离子选择性电极插入含有一定活度的相应待测离子溶液中,在敏感膜的内外两个相界面处进行离子交换和扩散,产生电位差,这个电位差就是膜电位($\varphi_{膜}$)。

离子选择性电极的膜电位与溶液中待测离子活度的关系符合能斯特方程即 25 ℃时有

$$\varphi_{膜} = K \pm \frac{0.059\ 2}{n_i} \lg \alpha_i$$

式中　K——离子选择性电极常数,在一定实验条件下为一常数,它与电极的敏感膜、内参比电极,内参比溶液及温度等有关;

　　　α_i——i 离子的活度;

　　　n_i——i 离子的电荷数。当 i 为阳离子时,式中第二项取正值。i 为阴离子时该项取负值。

4.2.3　离子选择性电极的性能指标

离子选择件电极性能的好坏主要从电极的选择性、线性范围、检测下限、灵敏度和相应时间等方面考虑。

1)离子选择性电极的选择性

理想的离子选择性电极应是只对特定的一种离子产生电位响应,对其他共存的离子不干扰。但实际上,目前所使用的各种离子选样性电极都不可能只对一种离子产生响应,而是或多或少地对共存离子产生不同程度的响应,考虑到干扰离子共存产生的电位,计算公式可改写为

$$\varphi_{膜} = K \pm \frac{0.059\ 2}{n} \lg(\alpha_i + K_{i,j}\alpha_j^{\frac{n_i}{n_j}})$$

式中　i——待测离子;

　　　j——干扰离子;

　　　n_i, n_j——分别为 i 离子和 j 离子的电荷;

　　　$K_{i,j}$——选择性系数。

$K_{i,j}$ 意义为:在相同的待测条件下,待测离子和干扰离子产生相同电位时待测离子的活度 α_i 与干扰离子活度 α_j 的比值。

$$K_{i,j} = \frac{\alpha_i}{\alpha_j}$$

通常 $K_{i,j} \leq 1$,$K_{i,j}$ 值越小,表明电极的选择性越高。例如 $K_{i,j} = 0.001$ 时,意味着干扰离子 j 的活度是待测离子 i 的活度的 1 000 倍时,两者产生相同的电位。换言之,电极对离子的敏感程度是 j 离子的 1 000 倍。

$K_{i,j}$ 可用来估计干扰离子存在时产生的测定误差,以判断某干扰离子存在时所用测定方法

是否可行。根据$K_{i,j}$的定义,测定的误差为

$$测定误差 = K_{i,j} \times \frac{\alpha_j^{\frac{n_i}{n_j}}}{\alpha_i} \times 100\%$$

【案例4.1】 有一氯离子选择性电极,$K_{F^-,OH^-} = 0.10$,当$[F^-] = 1.0 \times 10^{-2}$ mol/L时,能允许$[OH^-]$为多大?(设允许测定误养为5%)

解:

$$相对误差 = K_{i,j} \times \frac{\alpha_j^{\frac{n_i}{n_j}}}{\alpha_i} \times 100\% = \frac{0.10 \times [OH^-]}{1.0 \times 10^{-2}} = 5\%$$

$$[OH^-] = 5.0 \times 10^{-3}(mol/L)$$

对于离子选择性电极,干扰离子数量越少、干扰离子的选择性系数越小,电极的性能就越好。

2)线性范围和检测下限

离子选择性电极的电位与待测离子活度的对数值只在一定的范围内呈线性关系。图4.4是以活(浓)度的对数为横坐标,以电位值为纵坐标。绘制不同离子浓度标准溶液的电位与浓度对数的关系曲线。

(1)线性范围

活(浓)度的对数与电位呈线性关系时(图4.4中的AB段)对位的离子的活(浓)度范围。离子选择性电极的线性范围通常为$10^{-6} \sim 10^{-1}$mol/L。

(2)检测下限

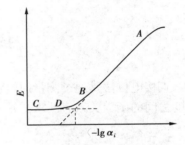

图4.4 电位随浓度变化曲线图

图4.4中AB与CD延长线的交点所对位的离子活(浓)称为电极的检测下限。在检测下限附近,电极电位不稳定,测量结果的重现性和准确度较差。

3)灵敏度

电极的灵敏度又称电极的斜率。灵敏度是指活(浓)度的对数与电位呈线性关系时直线(图4.4AB段)的斜率,即活度相差一个数量级时电位改变的数值,理论值为$2.303\frac{RT}{nF}$,在一定温度下为常数。如25 ℃时,一价离子为59.2 mV;二价离子为29.6 mV,离子电荷数越大,级差越小,测定灵敏度也越低,因此电位法多用于低价离子的测定。

4)响应时间

电极的响应时间又称电位平衡时间,是指离子选择性电极和参比电极一起接触试液开始到电极电位达到稳定值(波动在1 mV以内)所需的时间。它与以下因素有关:

①待测离子到达电极表面的速度:搅拌可缩短响应时间。

②待测离子的活度:活度越小,响应时间越短。

③介质的离子强度:通常情况下,含有大量非干扰离子时响应较快。

④敏感膜的厚度、表面光洁度等:膜越薄响应越快;光洁度越好响度越快。

响应时间是决定电极性能好坏的重要参数,特别是在用离子选择性电极进行连续自动测定时,尤其需要考虑电位响应的时间因素。

4.2.4　常见离子选择性电极的分类

离子选择性电极的种类很多。1975年,国际纯粹与应用化学联合会(IUPAC)推荐的关于离子选择性电极分类如图4.5所示。

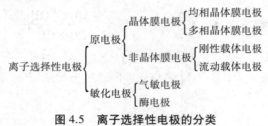

图 4.5　离子选择性电极的分类

任务 4.3　直接电位法

直接电位法是通过测量原电池电动势来确定指示电极的电位,利用电极电位与待测离子浓度之间的函数关系直接求出被测物质的浓度。

4.3.1　基本原理

将待测试液作为化学电池的电解质溶液,并将指示电极和参比电极共同浸入待测试液中,构成原电池,通过用电极电位仪(pH计或离子计)在零电流条件下,测量此电池的电动势,再根据其电极电位与待测物质浓度的确定函数关系,即可求得被测离子的浓度。

例如,其种金属 M 与其金属离子 M^{n+} 组成的指示电极 M^{n+}/M ,根据能斯特公式,其电极电势可表示为

$$\varphi_{M^{n+}/M} = \varphi_{M^{n+}/M}^{\Theta} + \frac{RT}{nF}\ln c_{M^{n+}}$$

其中, $c_{M^{n+}}$ 为金属离子 M^{n+} 的相对浓度。因此,若测量出 $\varphi_{M^{n+}/M}$,即可由上式计算出 M^{n+} 的浓度。由于单一电极的电位是无法测量的,因而一般是通过测量该金属电极与参比电极所组成的原电池的电动势 E ,即

$$E = \varphi_+ - \varphi_- = \varphi_{参比} - \varphi_{指示} = \varphi_{参比} - \varphi_{M^{n+}/M}^{\Theta} - \frac{RT}{nF}\ln c_{M^{n+}}$$

在一定条件下, $\varphi_{参比}$ 和 $\varphi_{M^{n+}/M}^{\Theta}$ 为恒定值,可合并为常数 K ,则

$$E = K - \frac{RT}{nF}\ln c_{M^{n+}}$$

因此,由指示电极与参比电极组成原电池的电池电动势是该金属离子浓度的函数,因此可求得 $c_{M^{n+}}$。这是直接电位法的理论依据。

4.3.2 溶液 pH 值的测定

用直接电位法测定溶液的 pH 值,以玻璃电极为指示电极,饱和甘汞电极为参比电极。

1) 玻璃电极

玻璃电极是重要的 H^+ 离子选择性电极,其电极电位不受溶液中氧化剂或还原剂的影响,也不受有色溶液或混浊溶液的影响,并且在测定过程中响应快,操作简便,不沾污溶液。因此,用玻璃电极测量溶液的 pH 值得到广泛应用。

(1)玻璃电极的构造

玻璃电极属于膜电极,其构造如图 4.6 所示。电极的下端由特殊玻璃制成的厚度为 0.05~0.1 mm 球形玻璃膜,这是电极的关键部分。在玻璃膜内装有一定浓度的 HCl 溶液作为内参比溶液,在内参比溶液中插入一根银-氯化银电极作为参比电极。因玻璃电极的内阻太高,故导线及电极引出线都要高度绝缘,并装有屏蔽罩,以免产生漏电和静电干扰。

(2)玻璃电极的响应机制

玻璃电极在使用前必须在水中浸泡一定时间,此过程称为水化。玻璃敏感膜水化时一般能吸收水分,在玻璃膜表面形成一层很薄的水合硅胶层,其厚度为 0.01~0.1 μm。该层表面上 Na^+ 电位几乎全被 H^+ 所替

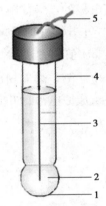

图 4.6 玻璃电极示意图
1—玻璃膜;2—内参比溶液;
3—内参比电极;4—玻璃管;5—接线

换。当浸泡好的玻璃电极插入溶液中时,水化凝胶层与溶液接触,由于凝胶层表面上的 H^+ 浓度与溶液中的 H^+ 浓度不相等,H^+ 便从浓度高的一侧向浓度低的一侧迁移。当达到平衡时,在溶液与膜相接触的两相界面之间形成双电层,由于膜外侧溶液的 H^+ 浓度与膜内溶液的 H^+ 浓度不同,则内外膜相界电位也不相等,这样跨越玻璃膜产生的电位差,则称为玻璃电极的膜电位。

$$\varphi_{膜} = \varphi_{外} - \varphi_{内} = 0.059\ 2\ \lg \frac{C_{H^+,外}}{C_{H^+,内}}$$

由于内参比溶液 H^+ 浓度是一定的,$C_{H^+,内}$ 为常数,因此膜的大小主要是由膜外待测液的 H^+ 浓度决定的,所以 25 ℃时的电极电位可表示为

$$\varphi_{膜} = K + 0.059\ 2\ \lg C_{H^+,外}$$

因 $pH = -\lg C_{H^+}$,则

$$\varphi_{膜} = K - 0.059\ 2\ pH$$

玻璃电极的电位是由膜电位和内参比电极的电位决定的,在一定条件下内参比试液是定值,因此,在 25 ℃时玻璃电极的电位可表示为

$$\varphi_{玻璃} = K - 0.059\ 2\ \text{pH}$$

由上式可知,在一定温度下,玻璃电极的电极电位与待测溶液的 pH 值呈线性关系。

(3)使用玻璃电极的注意事项

①玻璃电极在使用前应在蒸馏水中浸泡 24 h 以上。浸泡的目的主要是形成比较稳定的水化凝胶层,降低和稳定不对称电位,使电极对 H^+ 有稳定的响应关系。

②玻璃电极适用于测定 pH 值的范围是 1~10 的溶液;当溶液的 pH<1 时,测定结果偏高,此误差称为酸差;当溶液 pH>10 时,测定结果偏低,此误差称为碱差或钠差。

③玻璃电极一般在 5~50 ℃使用,在较低温度使用时,内阻较大,测定困难;温度过高,使用寿命下降。

④玻璃电极浸入溶液后应轻轻摇动溶液,促使电极反应尽快达到平衡。

⑤玻璃电极的玻璃球膜很薄,使用时要格外小心,以免碰碎。玻璃电极长期使用后,其功能有所降低,可用适当的溶剂处理,使之复新。

2)测定 pH 值的方法

直接电位法测定溶液 pH 值时,将玻璃电极和甘汞电极(或直接使用 pH 值复合电极)浸入被测溶液中组成原电池,如图 4.7 所示。

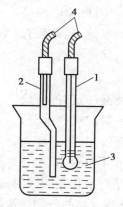

图 4.7 溶液 pH 值测定装置
1—玻璃电极;2—饱和甘汞电极;3—试液;4—接 pH 计

其电池符号可表示为

(−)Ag|AgCl,HCl|玻璃|试液‖KCl(饱和),Hg_2Cl_2,Hg(+)

或

(−)玻璃电极|待测溶液‖甘汞电极(+)

25 ℃时,该电池的电动势 E 为

$$E = \varphi_{SCE} - \varphi_{玻} = \varphi_{SCE} - (K_{玻} - 0.059\ 2\ \text{pH}) = 0.241\ 2 - K_{玻} + 0.059\ 2\ \text{pH}$$

将玻璃电极的性质常数和 0.241 2 合并得一新的常数 K,故

$$E = K + 0.059\ 2\ \text{pH}$$

因此,原电池的电动势和溶液的 pH 值呈线性关系。溶液 pH 值改变一个单位,原电池的电动势随之变化 59.2 mV,故通过测定原电池的电动势可求得溶液的 pH 值。

但由于公式中的常数 K 值很难确定,并且每支玻璃电极的不对称电动势也不相同,不能通过测量电动势直接求 pH 值。因此,在其测定时常采用两次测定法,以消除玻璃电极的不对称电势和公式中常数项等的影响,其测定步骤如下:

先测定已知 pH(pH_s)标准溶液的电动势(E_s);然后再测定未知 pH(pH_x)的待测溶液的电动势(E_x),即

$$E_s = K + 0.059\ 2\ pH_s$$

$$E_x = K + 0.059\ 2\ pH_x$$

将两式相减并整理得

$$pH_x = pH_s + \frac{E_x - E_s}{0.059\ 2}$$

测定时选用的标准缓冲溶液的pH_s,应尽可能地与待测溶液的pH_x接近,一般要求 $\Delta pH < 3$。

【案例 4.2】　在 298.15 K 时,将复合电极插入 pH＝4 的标准溶液,测得 $E = 0.168$,换测某液时 $E = 0.109$,该溶液 pH 值为多少?

解:

由　　$pH_x = pH_s + \dfrac{E_x - E_s}{0.059\ 2}$

得　　$pH_x = pH_s + \dfrac{E_x - E_s}{0.059\ 2} = 4 + \dfrac{0.109 - 0.168}{0.059\ 2} = 3.00$

3) pH 计

pH 计也称酸度计,既可用于测量溶液的 pH 值,又可用于测量工作电池的电动势。根据测量要求,pH 计又可分为普通型、精密型和工业型 3 类。读数精度最低为 0.1 pH 单位,最高为 0.01 pH 单位。pH 计型号较多,不同型号的仪器其外形稍有不同,但其原理和操作方法基本相同。

用 pH 计测定溶液 pH 值,不受氧化剂、还原剂及其他活性物质的影响,可用于有色物质、胶体溶液和浑浊溶液 pH 值的测量。并且测定前不用对待测溶液作预处理,测定后不破坏、污染待测溶液,因此应用非常广泛,在卫生理化检验中,常用于水质 pH 值的检查;在药物分析中广泛应用于注射剂、大输液、滴眼剂等制剂及其原料药物的酸碱度检查。

任务 4.4　电位滴定法

与其他滴定分析法一样,电位滴定法也是将一种标准溶液滴定到被测物质的溶液中,只是确定终点的方法不同。电位滴定法是借助指示电极单位的突变确定滴定终点的,它不受溶液颜色、浑浊程度等的限制。当滴定突跃不明显或试液有色,用指示剂指示终点有困难或无合适

指示剂时,可采用电位滴定法。

在电位滴定过程中,用人工操作进行滴定并随时测量、记录滴定电池的电位,然后通过绘图法或计算法来确定终点,这种方法麻烦且费时。随着电子技术和自动化技术的发展,出现了以仪器代替人工滴定的自动电位滴定仪。

自动电位滴定仪确定终点的方式通常有 3 种:第一种是保持滴定速度恒定,自动记录完整的 E-V 滴定曲线,然后再确定终点;第二种是将滴定电池两极间电位差同预设置的某一终点电位差(可先用手动方法对待测试液预滴定 E-V 曲线,并以此确定滴定终点的电位)相比较,两信号差值经放大后用来控制滴定速度,近终点时滴定速度降低,终点时自动停止滴定,最后由滴定管读取终点滴定剂消耗体积;第三种是基于在化学计量点时,滴定电池两极间电位差的二阶微分值由大降至最小,从而启动继电器,并通过电磁阀将滴定管的滴定通路关闭,再从滴定管上读出滴定终点时滴定剂消耗体积。

4.4.1　基本原理

进行电位滴定时,在被测离子的溶液中插入合适的指示电极和参比电极组成原电池。装置如图 4.8 所示。随着标准溶液的加入,由于标准溶液和被测离子发生化学反应,被测离子浓度不断降低,指示电极的电位也发生相应的变化,在化学计量点附近,被测离子的浓度发生突变,引起电势的突变,指示滴定终点到达。电位滴定法中,滴定终点是以电信号显示的。因此,很容易用此电信号来控制滴定系统,达到滴定自动化的目的,测定结果的复杂计算还可用计算机进行处理。

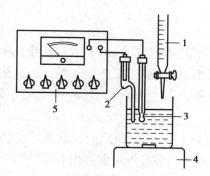

图 4.8　电位滴定装置图

1—滴定管;2—参比电极;3—指示电极;4—电磁搅拌器;5—pH-mV 计

4.4.2　确定终点的方法

将盛有样品溶液的烧杯置于电磁搅拌器上,放入指示电极和参比电极,搅拌。自滴定管中分次滴入标准溶液,并边滴定边记录滴入标准溶液的体积 V 和相应的电位计读数 E。在化学计量点附近,每加入 $0.05 \sim 0.10$ mL 标准溶液记录一次数据。现以 $0.100\ 0$ mol/L $AgNO_3$,标准溶液滴定 NaCl 溶液时,电位滴定的部分数据和数据处理为例(表 4.2),介绍几种常用的确定滴定终点的方法。

表 4.2　0.100 0 mol/L AgNO$_3$，标准溶液滴定 NaCl 溶液的电位滴定数据

加入 AgNO$_3$ 体积 V/mL	E/mV	ΔE/mV	ΔV/mL	ΔE/ΔV	Δ^{2}E/ΔV^2
5.00	62	/	/	/	/
15.00	85	23	10.00	2.3	0.21
20.00	107	22	5.00	4.4	0.72
22.00	123	16	2.00	8	3.5
23.00	138	15	1.00	15	1
23.50	146	8	0.50	16	68
23.80	161	15	0.30	50	50
24.00	174	13	0.20	65	125
24.10	183	9	0.10	90	200
24.20	194	11	0.10	110	+2 800
24.30	233	39	0.10	390	+4 400
24.40	316	83	0.10	830	−5 900
24.50	340	24	0.10	240	−1 740
25.00	373	33	0.50	66	−86
26.00	396	23	1.00	23	/

1）作图法

（1）E-V 曲线法

以加入的标准溶液的体积 V 为横坐标，电势计读数 E 为纵坐标作图，得 E-V 曲线，如图 4.9（a）所示。曲线转折点（拐点）所对应的体积，即为滴定终点所消耗标准溶液的体积。此方法应用方便，适合于滴定突跃明显的体系。

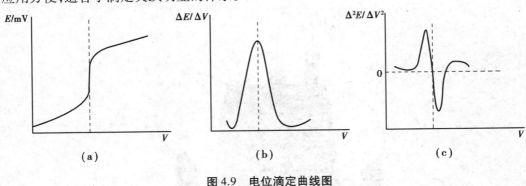

图 4.9　电位滴定曲线图

（2）ΔE/ΔV-V 曲线法

ΔE/ΔV-V 曲线法又称一阶微商法，ΔE/ΔV 表示标准溶液单位体积变化引起电动势的变化值。以 ΔE/ΔV 为纵坐标，以标准溶液的体积 V 为横坐标作图，得 ΔE/ΔV-V 曲线，如图 4.9（b）所示。曲线最高点所对应的体积，即为滴定终点所消耗标准溶液的体积。此法较为准确，但方法烦琐。

（3）$\Delta^2 E / \Delta V^2$-V 曲线法

$\Delta^2 E / \Delta V^2$-V 曲线法又称二阶微商法，$\Delta^2 E / \Delta V^2$-V 表示标准溶液单位体积变化引起的 $\Delta E / \Delta V$ 的变化值，即 $\Delta(\Delta E / \Delta V)/\Delta V$。以 $\Delta^2 E / \Delta V^2$ 为纵坐标，以标准溶液体积为横坐标作图，得 $\Delta^2 E / \Delta V^2$-V 曲线，如图 4.9（c）所示。曲线与纵坐标 0 线交点即 $\Delta^2 E / \Delta V^2 = 0$ 时，所对应的体积，即为滴定终点所消耗标准溶液的体积。

2）内插法

用二阶微商作图法确定终点比较烦琐，实际工作中，常用内插法计算终点时标准溶液的体积。此法更为准确、方便。由 $\Delta^2 E / \Delta V^2$-V 曲线可知，当 $\Delta^2 E / \Delta V^2 = 0$ 时，所对应的体积为滴定终点，这点必然在 $\Delta^2 E / \Delta V^2$ 值发生正、负号变化所对应的滴定体积之间，因此，可用内插法计算滴定终点。例如，表 4.2 中，加入 24.3 mL $AgNO_3$ 时，$\Delta^2 E / \Delta V^2 = 4\ 400$，加入 24.4 mL $AgNO_3$ 时，$\Delta^2 E / \Delta V^2 = -5\ 900$。

4.4.3 自动电位滴定仪

1）自动电位滴定仪的构造

自动电位滴定仪是在手动电位滴定装置的基础上，增加了一个滴定液的加液控制器。加液控制器通常为电磁阀或电磁继电器，安装在滴定管下端的出液口处，根据电位计差传送的信号控制滴定液的加入。在滴定装置中还包括一个自动记录仪，也根据电位差计传送的信号工作，记录滴定曲线。

2）自动电位滴定仪的操作技术

自动电位滴定仪型号较多，不同型号的仪器其外形稍有不同，但其原理和操作方法基本相同。下面主要介绍 ZD-3a 型自动电位滴定仪（图 4.10）。

图 4.10 ZD-3a 型自动电位滴定仪

（1）仪器的使用

①接好全部液路管路，将三通转换阀左边的聚乙烯管插入滴定标准液中，三通转换阀右边的聚乙烯管接好滴液管，电极、滴液管分别放在电极架相应的位置。

②三通阀旋到吸液位，标准液被吸入泵体，泵管活塞下移到极限位时自动停止，再转三通

阀至注液位,按注液键,泵管活塞上移,先赶走泵体内的气泡,活塞上移到上限极位时自动停止,一般反复2~3次就可赶走泵管及液路管道中的所有气泡,同时在整个液路中充满滴定标准液。

③"选择"开关置"预设"挡,调节"预设"电位器至所滴定溶液的终点电位值,预设好终点电位值后,"选择"开关按使用要求置 mV 挡或 pH 值挡,此时"预设"电位器就不能动了。

④做滴定分析时,为了保证滴定精度,不能提前到终点,也不能过滴,同时又不能使滴定一次的时间太长,可使用长滴控制电位器,即在远离终点电位时,滴定管溶液直通被测液,在接近终点时滴定液短滴(每次约 0.02 mL),慢慢接近终点,电位不返回,即终点指示灯亮,蜂鸣器响。

⑤将被滴样品的烧杯置仪器搅拌的相应位置,加入搅拌棒,打开仪器右侧搅拌开关,调节搅拌速度,移入电极,使电极浸入被滴溶液中。

⑥在注液位,按仪器"滴定开始"键,先长滴后短滴(根据长滴控制电位器的位置)到达终点后延时 30 s 左右终点指示灯亮,同时蜂鸣器响,此时仪器处于终点锁定状态,再按下"复零"键,仪器退出锁定状态。

⑦每次测定结束后,反复按吸液键和注液键直至把整个液路部分清洗干净。取下电极用蒸馏水冲洗干净,放回固定的位置。然后用细软布擦拭设备表面,再用清洁布将设备擦干。

(2)维护与保养

①如果仪器要滴不同品种的样品时,原液路部分标准液要彻底清洗。

②玻璃泵管与活塞配合紧密,一般不宜脱离,以免损坏玻璃泵管,如的确污染严重,则必须脱离清洗但严禁活塞装在玻璃泵管内加热去潮,取下玻璃泵管时也要双手握住玻璃泵管用力小心上移,使活塞球形接头外露,从泵体推杆凹槽内取出。

③在滴定过程中液路部分出现气泡,一般情况是红色有机动玻璃就没有拧紧,三通接头松动或滴定管堵塞不通或三通转不到位。

④如有数字显示乱跳,一般是电源接地不良或周围有强电磁干扰。

⑤在做 pH 值测量或用玻璃电极进行滴定分析时,如数字飘移,很难稳定时,有可能电极老化需及时更换(玻璃电极寿命一般为 1 年左右)。

⑥每次使用完毕,立即清洁并悬挂标志,及时填写仪器使用记录。

⑦每月进行 1 次仪器的维护检查,并填写仪器维护记录。

(3)应用

电位滴定法,可用于酸碱滴定、氧化还原滴定、沉淀滴定、配位滴定等各类滴定分析中,在药品生产质量控制和药品质量检查中应用较为广泛。例如,苯巴比妥含量的测定:银电极作为指示电极,饱和甘汞电极或 pH 值玻璃电极作为参比电极。取苯巴比妥片 0.6~1 g,精密称定、研细,精密称取适量(约相当于苯巴比妥 0.2 g),加甲醇 40 mL 使其溶解后,再加新制的 3% 无水碳酸钠溶液 15 mL,用 0.100 0 mol/L $AgNO_3$ 标准溶液滴定,用电位滴定法测定终点。

任务 4.5　永停滴定法

4.5.1　基本原理

永停滴定法又称双电流滴定法。测量时,将两个相同的指示电极(通常为铂电极)插入待滴定的溶液中,在两个电极之间外加一小电压(约 50 mV),然后进行滴定;通过观察滴定过程中两个电极间电流变化的特性来确定滴定终点。该方法属于电流滴定法,其装置简单,准确度高,操作简便。

将两个相同的铂电极插入溶液中,与溶液中的电对组成电池,当外加一小电压时,电对的性质不同,发生的电极反应也不同。

①溶液中含有 I_2/I^- 电对时,在阳极发生氧化反应,在阴极发生还原反应:

$$2I^- - 2e \Longrightarrow I_2 \quad (阳极)$$

$$I_2 + 2e \Longrightarrow 2I^- \quad (阴极)$$

两个电极上均发生了反应,在两个电极间有电流通过。在滴定过程中,通过电流的大小是由溶液中氧化态或还原态的浓度决定的,当氧化态和还原态物质的浓度相等时,通过的电流最大,这样的电对称为可逆电对。

②溶液中含有 $S_4O_6^-/S_2O_3^{2-}$ 电对时,只能在阳极上发生下列氧化反应:

$$2S_2O_3^{2-} - 2e \longrightarrow S_4O_6^{2-}$$

而在阴极 $S_4O_6^{2-}$ 不能发生还原反应。由于在阳极和阴极上不能同时发生反应,因此,无电流通过,这样的电对称为不可逆电对。

4.5.2　判断终点的方法

根据在电极上发生的电极反应的不同,永停滴定法常分为以下 3 种类型:

1)标准溶液为不可逆电对,样品溶液为可逆电对

以 $Na_2S_2O_3$ 标准溶液滴定 I_2 溶液为例,滴定反应为:

$$2S_2O_3^{2-} + I_2 \Longrightarrow S_4O_6^{2-} + 2I^-$$

将两个铂电极插入 I_2 溶液中,外加约 15 mV 的电压,用灵敏电流计测量通过两个铂电极间的电流。化学计量点时,溶液中含有 I_2/I^- 可逆电对,电流计中有电流通过。化学计量点时,$Na_2S_2O_3$ 与 I_2 完全反应,不存在可逆电对,无电流通过。化学计量点过后:溶液中只有 $S_4O_6^{2-}/S_2O_3^{2-}$ 不可逆电对和 I^-,无电流通过。即电流计指针在滴定过程中偏转后又静止不动时为滴定终点。滴定过程中电流变化曲线如图 4.11(a)所示。

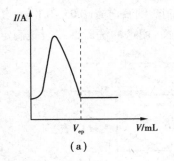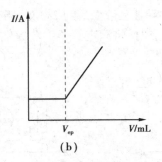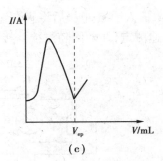

图 4.11　I-V 曲线图

2）标准溶液为可逆电对，样品溶液为不可逆电对

以 I_2 标准溶液滴定 $Na_2S_2O_3$ 溶液为例，滴定反应为：

$$2S_2O_3^{2-}+I_2 \Longrightarrow S_4O_6^{2-}+2I^-$$

化学计量点前，溶液中只有 $S_4O_6^{2-}/S_2O_3^{2-}$ 不可逆电对和 I^-，无电流通过。一旦达到化学计量点，并稍有过量溶液滴入后，溶液中就会产生 I_2/I^- 可逆电对，两极间就有电流通过。即电流计指针在滴定过程中由静止开始偏转时为滴定终点。滴定过程中电流变化曲线如图 4.11（b）所示。

3）标准溶液和样品溶液均为可逆电对

以 $Ce(SO_4)_2$，标准溶液滴定 $FeSO_4$ 溶液为例，滴定反应为：

$$Ce^{4+}+Fe^{2+} \Longrightarrow Ce^{3+}+Fe^{3+}$$

化学计量点前，溶液中有 Fe^{3+}/Fe^{2+} 可逆电对和 Ce^{3+}，电流计中有电流通过。化学计量点时，溶液中只有 Ce^{3+} 和 Fe^{3+}，无可逆电对，电流计指针停在零点附近。化学计量点后，$Ce(SO_4)_2$ 滴定液稍微过量，溶液中有 Fe^{3+} 和可逆电对 Ce^{4+}/Ce^{3+}，电流计指针远离零点。随着 Ce^{4+} 离子浓度的增大，电流也逐渐增大。滴定过程中电流变化曲线如图 4.11（c）所示。

4.5.3　永停滴定仪

永停滴定法的仪器简单，操作方便，一般仪器装置如图 4.12 所示。图中 E_1 和 E_2 为两个铂电极；R_1 是 2 kΩ 的线绕电阻，通过调节 R_1 得到适当的外加电压；R_2 为 60～70 Ω 的固定电阻；R 为电流计的分流电阻，作调节电流计的灵敏度之用；G 为灵敏电流计；B 为 1.5 V 干电池，作为供给外加低电压的电源。与电位滴定一样，滴定过程中用电磁搅拌器对溶液进行搅拌。通常只需要在滴定时仔细观察电流计的指针变化情况，当指针位置突变时即为滴定终点。

不同型号的永停滴定仪，原理都相同，操作稍有不同。现在也有自动永停滴定仪、智能永停滴定仪，操作简单，使用方便。

永停滴定法确定化学计量点比指示剂法更为确定、客观，比电位滴定法更简便。因此，广泛应用于药物分析中。例如，《中华人民共和国药典》（2015 版）规定重氮化滴定法的终点确定方法如下：

调节 R_1 使加于电极上的电压约为 50 mV。取供试品适量，精密称定，置烧杯中，除另有规定外，可加入水 40 mL 与盐酸（1→2）15 mL，而后置电磁搅拌器上搅拌使其溶解，再加溴化钾

2 g,插入铂-铂电极后将滴定管的尖端插入液面下约 2/3 处,用亚硝酸钠滴定液(0.05~0.1 mol/L)迅速测定,并随滴随搅拌。接近终点时,将滴定管的尖端提出液面,用水冲洗后继续缓缓滴定。

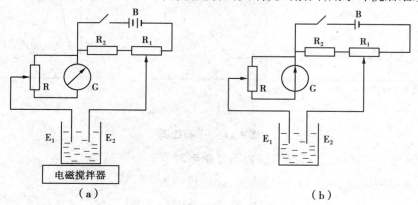

图 4.12　永停滴定法仪器装置

化学计量点前溶液中不存在可逆电对,即电流计指针停止在"0"位(或接近"0"位)。当到达化学计量点后,则溶液中稍过量的亚硝酸及其分解产物—氧化氮作为可逆电对同时存在,两个电极上的电解反应为:

$$阳极:NO+H_2O-e \Longrightarrow HNO_2+H^+$$

$$阴极:HNO_2+H^++e \Longrightarrow NO+H_2O$$

此时电路中有电流通过,电流计指针发生偏转,并不再回到"0"位,即电流计指针突然偏转并不恢复即为终点。

实训 4.1　葡萄糖注射液 pH 值的测定

1)实验目的

①熟悉 pH 计使用方法。

②掌握直接电位法测定溶液 pH 值的操作技术。

2)实验原理

在实际生产中,常利用直接电位法测定溶液的 pH 值。常用 pH 值玻璃电极为指示电极(接负极),饱和甘汞电极为参比电极(接正极)或直接使用复合电极与被测溶液组成电池,实际测量中,选用 pH 值与水样 pH 值接近的标准缓冲溶液进行比较而得到预测溶液的 pH 值。pH 值与所测电动势之间的关系为:

$$pH_x = pH_s + \frac{E_x - E_s}{0.059\ 2}$$

3)仪器与试剂

(1)仪器

pHS-3F 酸度计,pH 值复合电极,温度计。

（2）试剂

葡萄糖注射液,邻苯二甲酸氢钾标准 pH 值缓冲溶液（pH = 4.00）,磷酸氢二钠与磷酸氢二钾标准 pH 值缓冲溶液（pH = 6.86）,硼砂标准 pH 值缓冲溶液（pH = 9.18）,pH 值试纸。

4）实验步骤

（1）配制标准溶液

配制 pH 值分别为 4.00,6.86,9.18 的标准缓冲溶液各 250 mL。

（2）开机

接通电源,仪器预热 20 min,将准备好的电极夹在电极夹上,接上电极导线。

（3）校正 pH 计（二点校正法）

①将选择按键开关置"pH"位置。取一洁净的烧杯,用 pH = 6.86 的标准缓冲溶液润洗 3 遍,倒入 50 mL 左右该标准缓冲溶液。用温度计测量标准缓冲溶液温度,调节温度调节器,使所指示的温度刻度为所测得的温度。

②将电极插入标准缓冲溶液中,小心轻摇几下烧杯,以促使电极平衡。

③将斜率调节器顺时针旋转,调定位调节器,使仪器显示值为此温度下标准缓冲溶液的 pH 值。随后将电极从标准缓冲溶液中取出,移去烧杯,用蒸馏水清洗电极,并用滤纸吸干电极外壁水。

④另取一洁净烧杯,用另一种与待测试液 pH 值相接近的标准缓冲溶液荡洗 3 遍,倒入 50 mL 左右该标准缓冲溶液。将电极插入溶液中,小心轻摇几下烧杯,使电极平衡。调节斜率调节器,使仪器显示值为此温度下该标准缓冲溶液的 pH 值。

（4）测量待测试液的 pH 值

移去标准缓冲溶液,清洗电极,并用滤纸吸干电极外壁水。取一洁净小烧杯,用待测试液荡洗 3 遍后倒入 50 mL 左右试液。用温度计测量试液温度,并将温度调节至此温度数值。

将电极插入被测试液葡萄糖注射剂中,轻摇烧杯以促使电极平衡。待数字显示稳定后读取并记录被测试液的 pH 值。平行测定两次,取两次平均值。

（5）测量后工作

实验结束,关闭酸度计电源开关,拔出电源插头。取出玻璃电极用蒸馏水清洗干净后泡在蒸馏水中。取出甘汞电极用蒸馏水清洗,再用滤纸吸干外壁水分,套上小胶帽存放盒内。罩上仪器防尘罩,填写仪器使用记录。

5）注意事项

①玻璃电极在使用前需浸泡在蒸馏水中活化 24 h。

②玻璃电极在使用前应检查有无裂缝及污物,有裂缝应调换新电极,有污物可用 0.1 mol/L HCl 清洗。

③玻璃电极在使用前应使球内无气泡,并使溶液浸没电极。

④仪器的输入端（测量电极口）必须保持清洁,防止灰尘和潮气进入插孔。

实训 4.2　水样 pH 值的测定

1）实验目的

①学习用直接电位法测定水样 pH 值的原理和方法。

②学会酸度计的使用与维护。

2）实验原理

酸度计由玻璃电极（指示电极）和饱和甘汞电极（参比电极）组成。将两电极浸入待测溶液组成工作电池：

（－）玻璃电极|试液‖饱和甘汞电极（＋）

根据能斯特公式，25 ℃时电池电动势为：

$$E = K' + 0.059\ 2\ \text{pH}_{试液}$$

式中，K' 在一定条件下虽有定值，但不能准确得到。在实际测量中要按 pH 值实用定义式：$\text{pH}_x = \text{pH}_{s}$，用 pH 值已知的标准缓冲溶液先校正酸度计（定位），再在相同条件下测量溶液 pH 值。酸度计上的 pH 示值按 pH 值实用定义中 $\Delta E / 0.059\ 2$ 分度，此分度值只适用于温度为 25 ℃时。为适应不同测度下的测量，在用标准缓冲溶液"定位"前先要进行温度补偿（将"温度补偿"旋钮调至溶液的温度处）。在进行"温度补偿"和"定位"后，将电极插入待测溶液中，仪器即直接显示溶液的 pH 值。

pH 值测量结果的准确度取决于标准缓冲溶液 pH_s 的准确度、两电极的性能及酸度计的精度和质量。

3）仪器与试剂

（1）仪器

①pHS-3C 型酸度计（或其他型号酸度计）：附 pH 值复合电极（或玻璃电极、饱和甘汞电极）。

②酒精温度计（0~100 ℃）。

（2）试剂

①pH＝4.00 邻苯二甲酸氢钾标准缓冲溶液。

②pH＝6.86 混合磷酸盐标准缓冲溶液。

③pH＝9.18 四硼酸钠标准缓冲溶液。

④未知水样。

4）实验步骤

（1）测量前的准备

①将多功能电极架插入电极架座中。

②将 pH 值复合电极安装在电极架上，将电极插头插入测量电极插座上（注意：在插入前先将插座上的短路插头拔去）。

③将 pH 值复合电极下端的电极保护套拨下,并取下电极上端小孔上的橡皮套使其露出。

④用蒸馏水清洗电极,并用滤纸小心吸干电极上的水分。

(2)标定(以二点校正法为例)

①打开仪器电源开关,预热 20 min,按"pH/mV"按钮使仪器进入 pH 值调测量状态。

②用温度计测量待测溶液温度,按"温度"按钮,再按"△、▽"键使显示为溶液温度值(此时温度指示灯亮),按"确认"键,仪器确定溶液温度后回到 pH 测量状态。

③将用蒸馏水洗后的电极插入 pH=6.86 的标准缓冲溶液中,小心轻摇几下试杯,待读数稳定后,按"定位"键(此时 pH 值指示灯慢闪烁,表明仪器在定位标定状态),按"△、▽"键使显示为该溶液当时温度下的 pH 值(例如混合磷酸盐 10℃时,pH=6.92),然后按"确认"键,仪器进入 pH 值测量状态,pH 值指示灯停止闪烁,完成一点标定。

④取出电极,用蒸馏水洗净并用吸水纸吸干后插入 pH=4.00(或 pH=9.18)的标准缓冲溶液中,轻摇几下试杯,待读数稳定后,按"斜率"键(此时 pH 值指示灯快闪烁,表明在斜率标定状态),按"△、▽"键使显示为该溶液当时温度下的 pH 值,然后按"△"确认"▽"键,仪器进入 pH 值测量状态,pH 值指示灯停止闪烁,完成二点标定。

(3)待测溶液 pH 值测定

①用温度计测出待测溶液的温度值,按"温度"按钮,再按"△、▽"使显示为待测溶液的温度值(此时温度指示灯亮),按"确认"键,仪器确定溶液温度后回到 pH 测量状态(若待测溶液与标定缓冲溶液温度一致,此步骤略)。

②用蒸馏水清洗头部并用吸水纸吸干,再用待测溶液润洗 1 次。

③将电极插入待测溶液中,轻摇几下试杯,待显示稳定后读出该溶液的 pH 值。

④取出电极,用蒸馏水清洗

⑤平行测量两次,取平均值。

5)注意事项

①标准溶液的配制要准确无误,否则测量结果不准确。

②电极插入待测溶液深度以溶液浸没玻璃球泡为限,不宜插入太深或太浅。

③在用 pH=6.86 标准缓冲溶液"定位"仪器后,应根据待测溶液的 pH 值选择 pH=4.00(或 pH=9.18)标准缓冲溶液校准仪器的"斜率"。当待测溶液偏酸性时,应选择 pH=4.00 标准缓冲溶液校准"斜率";当待测溶液偏碱性时,应选择 pH=9.18 标准缓冲溶液校准"斜率"。

实训 4.3　自动电位滴定法测定酱油中氨基酸态氮

1)实验目的

①学习用自动电位滴定法测定酱油中氨基酸态氮的原理和方法。

②学会使用 ZDJ-4A 型自动电位滴定仪。

2)实验原理

根据氨基酸的两性作用,加入甲醛固定氨基的碱性,使溶液显示羧基的酸性,采用预设 pH

值滴定终点的方法,用氢氧化钠标准溶液自动电位滴定,根据滴定终点消耗滴定剂(氢氧化钠标准溶液)的体积和浓度计算酱油中氨基酸态氮的含量。

3) 仪器与试剂

（1）仪器

ZDJ-4A 型自动电位测定仪:附 pH 复合电极,温度传感器。

（2）试剂

甲醛溶液(体积分数为 36%),0.050 0 mol/L NaOH 标准溶液,pH=6.86(25 ℃)混合磷酸盐标准缓冲溶液,pH=9.18(25 ℃)四硼酸钠标准缓冲溶液。

4) 实验步骤

（1）滴定前的准备

将 pH 值复合电极、温度传感器插入仪器的测量电极插座内（参照说明书）。

（2）电极标定（二点标定法）

①打开仪器电源开关,进入"pH/mV"起始状态,按"pH/mV"键选择测量模式为 pH 值。

②将 pH 复合电极和温度传感器用蒸馏水清净并用吸水纸吸干,浸入 pH=6.86 的标准缓冲溶液中（启动磁力搅拌）。在仪器的起始状态下,按"标定"键,仪器即进入一点标定工作状态,此时,仪器显示当前测得的 pH 值和温度。当显示 pH 读数趋于稳定后,按"F2（确认）"键,仪器显示电极的百分斜率和 E_0 值,至此一点标定结束,仪器同时提问是否继续进行二点标定,按"F2（确认）"键进行二点标定。

③将电极取出重新用蒸馏水清净并用吸水纸吸干,浸入 pH=9.18 的标准缓冲溶液中（启动磁力搅拌）,再按"确认"键,仪器进入第二点标定,当显示的 pH 趋于稳定后,按下"确认"键,仪器显示标定结束。同时显示电极的标定斜率和 E_0 值,按"确认"键退出。

（3）滴定前准备

①按说明书要求安装好仪器和滴定液。

②选用 20 mL 滴定管。

③清洗:按"F3（清洗）"键,按"▲"或"▼"键选择清洗次数后,再按"F2（确认）"键,用 0.050 0 mol/L NaOH 标准溶液反复冲洗滴定管,使溶液充满整个滴定管路。

④样品准备:用移液管吸取 5.0 mL(含量低的样品多取)试样于滴定杯中,加入 40 mL 去离子水,加入搅拌子,将 pH 值复合电极和温度传感器插入溶液调整滴定管至适当高度(勿接触样液)。

⑤设置电极插口、滴定管及滴定管系数:在仪器起始状态下,按"设置"键设置好电极插口、滴定管及滴定管系数(参见说明书)。

⑥设置搅拌速度:按"搅拌"键,再按"▲"或"▼"键选择合适的搅拌速度,再按"确认"键退出。

（4）预设终点滴定

①样品总酸度测定。

a.在仪器的起始状态下,按"F1（滴定）"键,进入滴定模式选择状态,移动亮条至"预设终点滴定"上,按"F2（确认）"键,进入预设终点滴定模式。

b.选择 pH 值预设终点滴定,按"F2(确认)"键,按"◄"或"►"键选择"滴定终点数"为 1,按"确认"键,再按"设置"键设置预控点 pH=8.2,延迟时间为 10 s。按"F1(开始)"键,仪器即开始预设终点滴定。

c.滴定至终点后,仪器自动停止滴定并显示滴定结果。仪器自动补液,同时提示输入滴定剂浓度和样品体积,按"确认"键退出,返回仪器起始状态。记录消耗滴定剂(0.050 0 mol/L NaOH 标准溶液)体积 V_1(可用于计算样品总酸度)。

②甲醛固定后氨基态氮的测定。在上述滴定杯中加入 10.0 mL 甲醛溶液,再按实验步骤(1)样品总酸度测定中①~③步骤设置与滴定(注意:此 pH 值预设滴定终点为 pH=9.2),记录加入甲醛溶液后滴定消耗滴定剂(0.050 0 mol/L NaOH 标准溶液)体积 V_2。

重复进行两次,滴定结果取平均值。

③试剂空白滴。用 5.0 mL 蒸馏水代替样品,与样品滴定步骤相同操作。记录加入甲醛溶液后滴定试剂空白消耗滴定剂(0.050 0 mol/L NaOH 标准溶液)体积 V_0。

(5)滴定后工作

滴定完成后,用去离子水反复清洗滴定管。

5)数据处理

试样中氨基酸态氮的含量按下式计算:

$$X = \frac{(V_2 - V_0) \times c \times 0.014}{5} \times 100$$

式中　X——试样中氨基酸态氮的含量,g/100 mL;

V_2——测定加入甲醛后试样滴定消耗 NaOH 标准溶液的体积,mL;

V_0——试剂空白加入甲醛后滴定消耗 NaOH 标准溶液的体积,mL;

c——NaOH 标准溶液的浓度,mol/L;

5——取样体积,mL;

0.014——与滴定 1.00 mL NaOH 标准溶液($c_{NaOH} = 1.000$ mol/L)相当的氮的质量,g。

计算结果保留两位有效数字。

 思考与练习

一、选择题

1.电位法属于(　　　)。

　　A.酸碱滴定法　　　　　B.质量分析法　　　　　C.电化学分析法　　　　　D.光化学分析法

2.电位分析法中常用的参比电极是(　　　)。

　　A.0.1 mol/L KCl 甘汞电极　　　　　　　　　　B.1 mol/L KCl 甘汞电极

　　C.饱和甘汞电极　　　　　　　　　　　　　　　D.饱和银-氯化银电极

3.甘汞电极的电极电位与下列(　　　)因素无关。

　　A.溶液温度　　　　　B.[H^+]　　　　　　　C.[Cl^-]　　　　　　　D.[KCl]

4.下列可作为基准参比电极的是(　　　)。

　　A.SHE　　　　　　　B.SCE　　　　　　　　C.玻璃电极　　　　　　　D.惰性电极

5.膜电位产生的原因是(　　　)。

  A.电子得失   B.离子的交换和扩散 C.吸附作用   D.电离作用

6.玻璃电极的内参比电极是(　　　)。

  A.银电极   B.银-氯化银电极   C.甘汞电极   D.标准氢电极

7.为使 pH 值玻璃电极对 H^+ 响应灵敏,pH 值玻璃电极在使用前应在(　　　)浸泡 24 h 以上。

  A.自来水中   B.稀碱中   C.纯水中   D.标准缓冲溶液中

8.电位法测定溶液 pH 值属于(　　　)。

  A.直接电位法   B.电位滴定法   C.比色法   D.永停滴定法

9.普通玻璃电极不宜用来测定 pH<1 的酸性溶液的 pH 值的原因是(　　　)。

  A.钠离子在电极上有响应   B.玻璃电极易中毒

  C.有酸差,测定结果偏高   D.玻璃电极电阻大

10.进行酸碱中和电位滴定时应选择的指示电极是(　　　)。

  A.铅电极   B.银-氯化银电极   C.甘汞电极   D.玻璃电极

11.用碘滴定硫代硫酸钠属于永停法中的(　　　)。

  A.滴定剂为可逆电对,被测物为不可逆电对

  B.滴定剂为不可逆电对,被测物为可逆电对

  C.滴定剂与被测物均为可逆电对

  D.滴定剂与被测物均为不可逆电对

12.滴定分析与电位滴定法的主要区别在于(　　　)。

  A.滴定对象不同   B.滴定液不同

  C.指示剂不同   D.指示终点的方法不同

二、简答题

1.直接电位法测定离子活度的方法有哪些?哪些因素影响测定的准确度?

2.单独一个电极的电位能否直接测定,怎样才能测定?

3.测定 F^- 浓度时,在溶液中加入 TISAB(总离子强度调节缓冲溶液)的作用是什么?

4.电位滴定法的基本原理是什么?确定终点的方法有哪些?

5.试比较直接电位法和电位滴定法的特点。

项目 5　色谱分析法导论

【知识目标】

了解色谱分析法的分类。

理解色谱概念及术语。

掌握纸色谱法的操作方法。

【能力目标】

会用纸色谱法进行样品分析。

任务 5.1　色谱分析法概述

5.1.1　色谱分析法的产生

色谱分析法是俄国植物学家茨维特在 1906 年分离植物色素时提出来的。茨维特为了分离植物色素,将植物叶子的石油醚浸提液,倒入装有碳酸钙粉末的玻璃柱中,用石油醚自上而下持续冲洗,原来在柱子上端的色素混合物逐渐向下移动。由于混合物中不同色素成分的性质不同,各自受到碳酸钙的吸附力和石油醚的溶解能力大小有所差异,导致各种色素向前移动的速度不同,冲洗一段时间后,各色素在柱子中排列成不同颜色的清晰色带,使不同色素得到分离,这种方法称为色谱法。

在茨维特的实验中,碳酸钙是固定不动的,称为固定相;石油醚是流动的,称为流动相。每种色谱法都有两相,即固定相和流动相。装有固定相的细长管称为色谱柱。

色谱法的实质是:混合物中各组分在固定相和流动相的作用下,受到的作用力的强弱不同,各组分在色谱柱中向前移动的速度不同,从而使各组分得到有效的分离,并进行定性或定量分析。

5.1.2 色谱分析法的分类

色谱法种类很多,通常按以下几种方式分类。

1)按两相的状态分类

根据流动相的状态分:流动相是气体的,称为气相色谱法;流动相是液体的,称为液相色谱法;若流动相为超临界流体,则称为超临界流体色谱法。

根据固定相的状态不同,气相色谱法又可分为气-固色谱法和气-液色谱法;液相色谱法也可分为液-固色谱法和液-液色谱法。

2)按分离原理分类

色谱法中,固定相不同,其分离原理不同。根据分离原理可将色谱分为吸附色谱、分配色谱、离子交换色谱、凝胶色谱等。

①吸附色谱:固定相为固体吸附剂;利用吸附剂表面对不同组分的吸附能力大小不同而实现分离的色谱法。例如,气-固色谱和液-固色谱。

②分配色谱:固定相为液体;利用不同组分在流动相和固定相中的分配系数或溶解度的大小不同实现分离的色谱法。例如,气-液色谱和液-液色谱。

③离子交换色谱:固定相为离子交换树脂;利用不同组分与固定相之间发生离子交换的能力差异来实现分离的色谱法。

④凝胶色谱:固定相为凝胶;利用凝胶对分子大小和形状不同的组分所产生的阻碍作用不同实现分离的色谱法。凝胶色谱又称尺寸排阻色谱。

3)按承载固定相的装置形式分类

固定相在柱内的称为柱色谱,柱色谱有填充柱色谱和开管柱色谱。固定相填充在玻璃或金属管中的称为填充柱色谱;固定相固定在管内壁的称为开管柱色谱或毛细管柱色谱。

固定相呈平面状的称为平板色谱,平板色谱有纸色谱、薄层色谱和薄膜色谱。纸色谱以吸附水分的滤纸作固定相;薄层色谱以涂布在玻璃板上或铝箔板上的吸附剂作固定相;薄膜色谱是以高分子化合物制成的薄膜为固定相。

5.1.3 色谱分析法的特点

色谱法是以其高超的分离能力为特点,主要表现在:分离效率高,可分离性质十分相近的物质,可将含有上百种组分的复杂混合物进行分离;分离速度快,几分钟到几十分钟就能完成一次复杂物质的分离操作;灵敏度高,能检测含量在 10^{-12} g 以下的物质;可进行大规模的纯物质制备;分离和测定一次完成,可以和其他分析仪器联用;易于自动化,可在工业流程中使用。

任务 5.2　色谱分离过程与术语

5.2.1　色谱分离过程

色谱分离过程是利用试样中各组分在固定相和流动相之间具有不同的溶解与分配、吸附与脱附或其他亲和性的差异来实现分离的。现以分离 A、B 两组分的液-固色谱为例说明色谱的分离过程。如图 5.1 所示,试样由流动相携带进入色谱柱,试样中的 A、B 两组分被固定相吸附,随着流动相的极性改变与不断流入,被吸附的组分又从固定相中脱附,脱附的组分随着流动相向前移动时又再次被固定相吸附,由于 A、B 两组分的理化性质不同,与固定相和流动相之间的作用即吸附与脱附的能力有差异,结果表现为差速迁移,经过反复吸附、脱附与移动,最终使 A、B 两组分彼此分离。

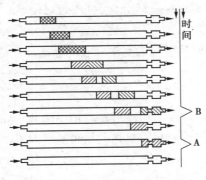

图 5.1　色谱分离过程示意图

5.2.2　色谱流出曲线

试样中的各组分经色谱柱分离后,按先后次序随流动相一起进入检测器,检测器将流动相中各组分浓度(或含量)的变化转变为相应的电信号,由记录仪记录下来,得到一条信号随时间变化的曲线,称为色谱流出曲线,又称色谱图,如图 5.2 所示。

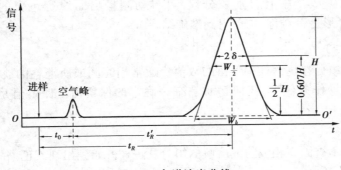

图 5.2　色谱流出曲线

5.2.3 基本术语

1）基线

基线是在正常实验条件下，色谱柱后没有组分流出，只有流动相通过时，检测器响应信号的记录值。当实验条件稳定时，基线应是一条平行于横轴的直线，若基线上下波动称为噪声，基线上斜或下斜称为漂移。

2）峰高

由色谱峰最高点至基线的垂直距离称为峰高，一般用 H 表示。

3）峰宽

色谱峰宽度是色谱流出曲线中很重要的参数。它直接和分离效率有关。描述色谱峰宽度有以下 3 种方法：

（1）标准偏差 δ

标准偏差 δ 是峰高 0.607 倍处色谱峰宽度的一半。δ 值越小，说明组分出柱比较集中，分离效果越好；δ 值越大，则说明组分出柱比较分散，分离效果较差。

（2）半峰宽度 $W_{\frac{1}{2}}$

半峰宽度 $W_{\frac{1}{2}}$ 是峰高一半处色谱峰的宽度。它与标准偏差的关系为：

$$W_{\frac{1}{2}} = 2.355\delta$$

（3）峰底宽度 W_b

峰底宽度 W_b 是色谱峰两侧拐点上切线与基线相交的两点间距离。

$$W_b = 4\delta = 1.699 W_{\frac{1}{2}}$$

4）峰面积

色谱峰曲线与峰底基线所围成区域面积称为峰面积，以 A 表示。峰高或峰面积的大小与每个组分在样品中的含量相关。因此，色谱峰的峰高或峰面积是气相色谱进行定量分析的主要依据。

峰面积可通过计算求得。

对称峰：$A = 1.065h \cdot W_{\frac{1}{2}}$

非对称峰：$A = \dfrac{1.065h \cdot (W_{0.15} + W_{0.85})}{2}$

现代的色谱仪一般都配有自动积分仪，可自动测量出曲线所包含的面积。精度可达 0.2%~2%。不管峰形是否对称，均可得到准确结果。

5）保留值

表示试样中各组分在色谱柱中停留的数值。通常用时间或所消耗的流动相体积来表示。在一定的固定相和操作条件下，任何物质都有一确定的保留值。保留值是色谱定性分析的依据。

（1）死时间 t_0

死时间 t_0 是指不被固定相吸附或溶解的组分从进样开始到出现其色谱峰极大值时所需要

的时间。例如,气相色谱中惰性气体(空气、甲烷等)流出色谱柱所需的时间。

(2)保留时间 t_R

保留时间 t_R 是指被测组分从进样开始到出现其色谱峰极大值时所需的时间。

(3)调整保留时间 t'_R

调整保留时间 t'_R 是指扣除死时间后的保留时间,即组分在固定相上滞留的时间。

$$t'_R = t_R - t_0$$

(4)死体积 V_0

死体积 V_0 是指不被固定相滞留的组分,从进样开始到出现峰最大值所消耗的流动相体积,数值上等于死时间与载气流速的乘积,即:

$$V_0 = t_0 \cdot F_c$$

F_c 为流动相的流速。

(5)保留体积 V_R

保留体积 V_R 是指从进样开始到被测组分在柱后出现浓度最大值时所消耗的流动相体积,即:

$$V_R = t_R \cdot F_c$$

(6)调整保留体积 V'_R

调整保留体积 V'_R 是指扣除死体积后的保留体积,即:

$$V'_R = V_R - V_0 \text{ 或 } V'_R = t'_R \cdot F_c$$

(7)相对保留值 r_{21}

相对保留值 r_{21} 是指某组分2的调整保留值与另一组分1的调整保留值之比,即:

$$r_{21} = \frac{t'_{R(2)}}{t'_{R(1)}} = \frac{V'_{R(2)}}{V'_{R(1)}}$$

式中,r_{21} 表示色谱柱的选择性,即固定相的选择性。r_{21} 的值越大,相邻两组分的 t'_R 相差越大,分离效果越好。$r_{21} = 1$ 时,两组分不能被分离。

6)分离度

分离度又称分辨率或总分离效能指标,是两色谱峰分离程度的量度。为判断相邻两组分在色谱柱中的分离情况,可用分离度 R 作为色谱柱的分离效能指标。其定义为相邻两组分色谱峰保留值之差与两个组分色谱峰峰底宽度总和一半的比值,即:

$$R = \frac{t_{R(2)} - t_{R(1)}}{\frac{1}{2}(W_{b(1)} + W_{b(2)})}$$

式中,分子反映了溶质在两相中的分配行为对分离的影响,分母反映了组分的峰宽对分离的影响,详情如图5.3所示。R 值越大,就意味着相邻两组分分离越好。因此,分离度是色谱柱效能和选择性的一个综合指标。从理论上可以证明,若峰形对称且满足于正态分布,则当 $R = 1$ 时,分离程度可达98%;当 $R = 1.5$ 时,分离程度可达99.8%。因此,可用 $R = 1.5$ 来作为相邻两峰已完全分开的标志。

7)分配系数与分配比

在色谱过程中,样品进入固定相的各组分的分子和进入流动相的各组分的分子处于动态平衡,把这种平衡称为分配平衡。常用分配系数和分配比来描述各组分在两相中的分配行为。

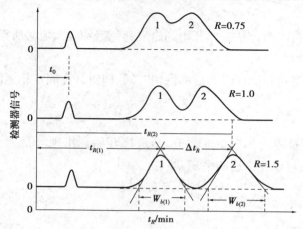

图 5.3 不同分离度色谱峰的分离程度

（1）分配系数

在一定温度下,组分在固定相(S)和流动相(M)之间分配达到平衡时的浓度之比称为分配系数,用 K 表示。

$$K = \frac{组分在固定相中的浓度}{组分在流动相中的浓度} = \frac{c_S}{c_M}$$

分配系数随温度变化而变化。一定温度下,各物质在两相之间的分配系数是不同的,分配系数 K 小的组分在流动相中浓度大,先流出色谱柱;反之,就后出色谱柱。

气相色谱中柱温是影响分配系数的一个重要参数,分配系数与温度成反比,升高温度,分配系数变小。而温度对液相色谱分离的影响较小。

（2）分配比

在色谱过程中,组分在两相间的分配达到平衡时,固定相(S)和流动相(M)中组分的质量比称为分配比,用 k 表示。

$$k = \frac{组分在固定相中的质量}{组分在流动相中的质量} = \frac{m_S}{m_M}$$

k 值越大,说明组分在固定相中的量越多,相当于柱的容量大,因此,又称分配容量或容量因子。它是衡量色谱柱对被分离组分保留能力的重要参数。

分配系数是组分在两相中的浓度之比,分配比则是组分在两相中分配总量之比。它们都与组分及固定相的热力学性质有关,并随柱温、柱压的变化而变化。分配系数只决定于组分和两相性质,与两相体积无关。分配比不仅决定于组分和两相性质,且组分的分配比随固定相的量而改变。

任务 5.3　色谱定性与定量分析

5.3.1　定性分析

色谱定性分析的目的是确定每个色谱峰所代表的物质。色谱分析一般是分离、定性、定量工作同时进行,在分析之前要对样品的来源、分析目的、有何用途等进行了解,以便能估计大致组成,然后再确定分离条件和定性、定量方法。目前常用的色谱定性方法有以下几种。

1)用纯物质对照定性

用已知纯物质对照定性是色谱最简便、最常用的定性方法。

(1)利用纯物质的保留值定性

在相同的色谱条件下,对未知样品和已知标准纯物质分别进行色谱分析,得到各自的色谱图,比较两色谱图的保留时间或保留体积,若两者相同,往往是同一物质。如图 5.4 所示,未知醇的混合样品和几种纯醇标准物质在同一色谱条件下的色谱图。比较这两张色谱图中各峰的保留时间就可鉴定出 2,3,4,7,9 峰为甲醇、乙醇、正丙醇、正丁醇、正戊醇。

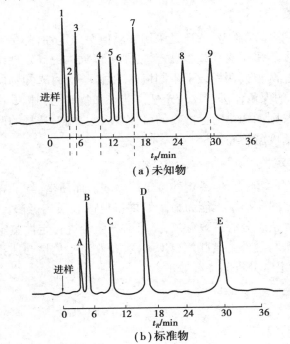

图 5.4　利用纯物质的保留值定性示意图

1~9—未知物;A—甲醇;B—乙醇;C—正丙醇;D—正丁醇;E—正戊醇

由于不同物质在同一色谱条件下,可能具有相同的保留时间或保留体积,即保留值并非专属,所以利用保留值定性有一定的局限性。

（2）峰增高法定性

当样品组分复杂、各组分保留值较接近时,用峰增高法定性较理想。定性方法是:将同一试样分成两份,在其中一份中加入适量标准物质,然后在相同的色谱条件下,测定两份试样的色谱图,若加入标准物质后某色谱峰峰高明显增加,则可认为该峰为加入的标准物质。

2)保留指数定性

保留指数又称科瓦茨(Kovats)指数,它是一种重现性较好、可靠性较强的一种定性参数。可根据固定相和柱温直接与文献值对照而不需要基准物。

保留指数是把待测物质的保留行为用两种与之相邻的标准物(通常选用正构烷烃)来标定。该法规定:正构烷烃的保留指数为其碳原子数乘100,如正戊烷、正己烷的保留指数分别为500,600;非正构烷烃的保留指数,可采用两个相邻正构烷烃保留指数进行标定。具体讲,欲测某组分 X 的保留指数 I_x 值,选用两种与之相邻的正构烷烃作参比,其中一种的碳数记为 Z,另一种的碳数记为 $Z+n$,将这两种参比物加入样品中进行分析,若测得它们的调整保留时间分别为 $t'_{R(X)}$、$t'_{R(Z)}$、$t'_{R(Z+n)}$,且 $t'_{R(Z)} < t'_{R(X)} < t'_{R(Z+n)}$,则组分 X 的保留指数 I_x 为:

$$I_x = 100 \times \left[z+n \frac{\lg t'_{R(X)} - \lg t'_{R(Z)}}{\lg t'_{R(Z+n)} - \lg t'_{R(Z)}} \right]$$

式中 n 可以等于 $1,2,3,\cdots$,但数值不宜过大。根据所用固定相和柱温,将计算结果与文献值对照,找出与计算值相同的保留指数所对应的物质名称即可定性。

3)双柱或多柱定性

无论是采用标准品直接对照定性,还是采用文献值对照定性,都是在同一根色谱柱上进行的,其可信度不是很高。若采用双柱或多柱定性,则可以大大提高定性结果的可信度。

双柱或多柱定性:在两根或两根以上不同极性的柱子上,将未知物的保留值与已知标准物的保留值或其在文献上的保留值进行比较定性。若未知物和已知标准物在两根或两根以上色谱柱上的保留值都一致,则未知物为标准物的可信度大大提高,选择的两根或多根柱子极性差别越大,定性结果的可信度就越高。

4)与其他仪器结合定性

色谱法具有非凡的分离能力,但是定性鉴定能力弱。而质谱、红外光谱等是鉴定未知物的有效工具,但对复杂组分的分离则无能为力。如果将色谱和质谱、红外光谱等结合使用,则可以取长补短,既能完成复杂组分的有效分离,又可对各组分进行定性鉴定。如气相色谱与质谱联用(GC-MS)、气相色谱与红外光谱联用(GC-IR)、高效液相色谱与质谱联用(HPLC-MS)等,是目前复杂化合物定性定量分析的最有效工具。

5.3.2 **定量分析**

色谱定量分析的依据是:在一定的色谱条件下,组分 i 的质量或浓度与检测器的响应信号(峰面积 A 或峰高 h)成正比。即:

$$m_i = f_i^A A_i \text{ 或 } m_i = f_i^h h_i$$

式中 m_i ——组分 i 的质量;

f_i^A 和 f_i^h——峰面积 A_i 和峰高 h_i 的定量校正因子。

1) 定量校正因子

定量分析是基于峰面积与组分的量成正比关系。但同一检测器对不同的物质有不同的响应值,即是说两种物质即使含量相同,得到的色谱峰面积往往不相等。所以不能用峰面积来直接计算物质的含量。为使响应值能真实地反映物质的量,就要对响应值进行校正,因此,引入定量校正因子。

（1）绝对校正因子 f_i

绝对校正因子 f_i 是指单位峰面积或单位峰高所代表的组分的量,即:

$$f_i = \frac{m_i}{A_i} \text{ 或 } f_i = \frac{m_i}{h_i}$$

式中 f_i——组分 i 的绝对校正因子;

     A_i——组分 i 的峰面积;

     h_i——组分 i 的峰高;

     m_i——组分 i 通过检测器的量,g 或 mol 或 %。

绝对校正因子主要由仪器的灵敏度所决定,不易准确测定,也无法直接应用,因此,定量分析中都是应用相对校正因子。

（2）相对校正因子 f_i'

相对校正因子是某待测组分 i 与标准物质 s 的绝对校正因子之比,即:

$$f_i' = \frac{f_i}{f_s} = \frac{A_s m_i}{A_i m_s} = \frac{h_s m_i}{h_i m_s}$$

式中 f_i'——待测组分的相对校正因子;

     f_i, f_s——组分 i 和标准物质 s 的绝对校正因子;

     A_i, A_s——组分 i 和标准物质 s 的峰面积;

     h_i, h_s——组分 i 和标准物质 s 的峰高;

     m_i, m_s——组分 i 和标准物质 s 通过检测器的量。

相对校正因子只与检测器类型有关,而与色谱操作条件(如柱温、流速、固定相性质等)无关,可以查表得到。

【案例 5.1】 苯、甲苯、乙基苯相对校正因子的测定:分别准确称取一定量的苯、甲苯和乙基苯,于一干燥洁净的 25 mL 容量瓶中,用丙酮稀释定容,混匀。取一定量注入色谱仪,获得色谱图,测量其峰面积,以苯为基准物,计算各组分的相对校正因子 f_i'。测定结果和计算结果见表 5.1。

表 5.1 苯、甲苯、乙基苯相对校正因子测定

组 分	质量/g	峰面积/cm^2				相对校正因子 f_i'
		1	2	3	平均	
苯(标准物)	2.22	442	440	438	440	1
甲苯	2.22	429	431	430	430	1.02
乙基苯	2.221	418	422	420	420	1.05

2）定量方法

（1）归一化法

归一化法是气相色谱中常用的定量方法之一。它是将样品中所有组分的含量之和按100%计算，然后通过下式计算各组分的质量分数。

$$w_i = \frac{m_i}{m} \times 100\% = \frac{A_i f'_i}{\sum\limits_{i=1}^{n} A_i f'_i} \times 100\%$$

式中　w_i——样品中组分 i 的质量分数；

m_i——组分 i 的质量；

A_i——组分 i 的峰面积；

f'_i——组分 i 的相对校正因子；

$m, \sum\limits_{i=1}^{n} A_i f'_i$——样品中所有组分的含量之和。

若色谱峰狭窄或峰宽基本相同，可用峰高代替峰面积进行归一化定量，即：

$$w_i = \frac{m_i}{m} \times 100\% = \frac{A_i f'_i}{\sum\limits_{i=1}^{n} h_i f'_i} \times 100\%$$

这种方法快速简便，适于工厂和一般化验室使用。此时，式中的 f'_i 为峰高相对校正因子。

应用归一化法的前提条件是：试样中的所有组分均能被色谱柱有效分离，且所有组分均产生可测量的色谱峰。归一化法的优点是简便、准确。对进样量要求不严。缺点是必须所有组分都流出色谱柱并被检测，不适于痕量分析。

【案例 5.2】　某色谱条件下，分析乙醇、苯、正庚烷和乙酸乙酯 4 组分样品则得各组分的峰面积和相对校正因子见表 5.2：

表 5.2　测得样品的峰面积和相对校正因子

组　分	乙醇	苯	正庚烷	乙酸乙酯
峰面积／cm^2	5.0	4.0	9.0	7.0
相对校正因子 f_i	1.22	1.00	1.12	0.99

用归一化法计算各组分的含量。

解：由公式有：

$$w_i = \frac{m_i}{m} \times 100\% = \frac{A_i f'_i}{\sum\limits_{i=1}^{n} A_i f'_i} \times 100\%$$

得：

$$w_{乙醇} = \frac{5.0 \times 1.22}{5.0 \times 1.22 + 9.0 \times 1.12 + 4.0 \times 1.00 + 7.0 \times 0.99} \times 100\%$$

$$= \frac{5.0 \times 1.22}{27.11} \times 100\% = 22.50\%$$

$$w_{苯} = \frac{4.0 \times 1.0}{27.11} \times 100\% = 14.75\%$$

$$w_{正庚烷} = \frac{9.0 \times 1.22}{27.11} \times 100\% = 37.18\%$$

$$w_{乙酸乙酯} = \frac{7.0 \times 0.99}{27.11} \times 100\% = 25.26\%$$

（2）外标法

外标法又称标准曲线法，是所有定量分析中最通用的一种方法。

将待测组分的纯物质配成不同浓度的标准溶液，在一定操作条件下，分别取相同体积的标准溶液进样分析，从得到的色谱图上测出相应信号峰面积 A 或峰高 h，绘制 A-c 或 h-c 的标准曲线。在完全相同的条件下，取相同体积的样品溶液进样分析，根据所得的峰面积 A 或峰高 h 从标准曲线上查得含量。如图 5.5 所示。

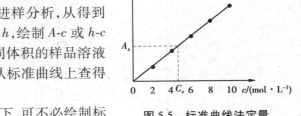

图 5.5　标准曲线法定量

在已知组分的标准曲线呈线性的情况下，可不必绘制标准曲线，而用单点校正法测定。即配制一个与被测组分含量相近的标准溶液，在相同条件下先后进样分析，由被测组分和标准组分的峰面积比（或峰高比）求出被测组分的含量。即：

$$w_x = \frac{A_s}{A_x} w_s$$

式中　w_x——被测组分的含量；

　　　A_x——标准组分的峰面积；

　　　w_s——标准组分的含量；

　　　A_s——被测组分的峰面积。

外标法的优点是操作简单，不需要校正因子，适于日常控制分析和大量同类样品分析。缺点是进样量要求十分准确，操作条件需严格控制。测定结果的准确度取决于进样量的重现性和操作条件的稳定性。

（3）内标法

当试样中所有组分不能全部出峰，只有需测定的组分才出峰时，可采用这种方法。

所谓内标法是将一定量的纯物质作为内标物，加到已准确称量的试样中，根据被测组分和内标物的质量及其在色谱图上相应的峰面积（或峰高）比，求出某组分的含量。

例如要测定试样中组分 i（质量为 m_i）的质量分数 w_i，可事先于试样中加入质量为 m_s 的内标物，则：

$$\frac{m_i}{m_s} = \frac{A_i f_i}{A_s f_s}, \quad m_i = \frac{A_i f_i}{A_s f_s} m_s$$

$$w_i = \frac{m_i}{m} \times 100\% = \frac{A_i f_i m_s}{A_s f_s m} \times 100\%$$

在分析工作中,常以内标物作为基准物,即 $f_s = 1$,此时计算公式简化为:

$$w_i = \frac{A_i f_i m_s}{A_s m} \times 100\%$$

式中 f_i——组分 i 的相对校正因子;

A_i,A_s——分别是组分 i 和内标物 s 的峰面积。

内标法标准曲线的绘制:将各待测组分的纯物质配成不同浓度的混合标准溶液,在每一浓度的混合标准溶液中准确加入一等量内标物,在一定色谱条件下分别取相同体积的标准溶液进样分析。若将得到的色谱图重叠,则如图 5.6 所示。从得到的色谱图上测出相应信号峰面积 A,以标准峰面积/内标峰面积(A_{is}/A_s)为纵坐标,以浓度 c 为横坐标,绘制标准曲线,如图5.7 所示。

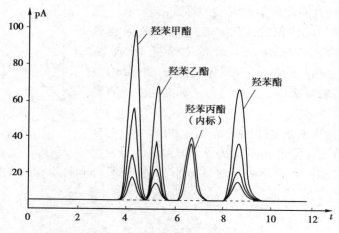

图 5.6 内标法标准系列重叠色谱图

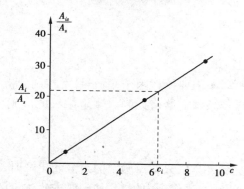

图 5.7 内标法标准曲线

在未知试样中准确加入与标准溶液等量的内标物(确保内标物在试样中的浓度与在标准溶液中的浓度一致),在完全相同的条件下,取相同体积的样品溶液进样分析,根据所得的峰面积/内标峰面积(A_i/A_s),从标准曲线上查得含量。

内标法中内标物的选择至关重要,作为内标物需要满足以下条件:

①它是试样中不存在的纯物质;

②物理化学性质与待测组分相似或相近;

③不与待测组分产生化学反应;

④在待测组分中间或附近出峰,且与组分完全分离;

⑤浓度适当,其峰面积与待测组分相差不大。

内标法的优点是定量准确。缺点是选择合适的内标物较困难,对样品及内标物的称量要求非常准确,操作比较复杂。

任务 5.4　平板色谱法

平板色谱法是指色谱过程在固定相构成的平面层内进行的色谱,主要包括薄层色谱法和纸色谱法。经典平板色谱中流动相(展开剂)的移动主要靠固定相的毛细管作用力,有时还靠重力作用。

平板色谱法的特点主要是仪器设备简单、费用低、分析速度快,能同时分析多个样品,对样品预处理的要求不高,试样不受沸点和热稳定性的限制等。所以平板色谱法广泛应用于医药工业中产品的纯度控制和杂质检查、天然药物研究中有效成分的分离、中药的定性鉴别、临床实验室和生物化学中各种样品的分析等。由于平板色谱与柱色谱(包括高效液相色谱)具有相同的分离机制。因此,它常可用作柱色谱条件选择的参考依据。

5.4.1　薄层色谱法

薄层色谱法(Thin Layer Chromatography,TLC)又称薄板层析法,是将固定相均匀涂布在表面光洁的玻璃、塑料或金属板上形成薄层,在此薄层上进行色谱分析的方法。铺好固定相的平板称为薄层板。薄层色谱法按照分离原理可分为吸附、分配、分子排阻等薄层色谱法。

1)薄层色谱分离原理

吸附薄层色谱法是利用同一固定相对样品中各组分的吸附能力大小的不同,在移动相(溶剂)流过固定相(吸附剂)的过程中,对各组分连续的产生吸附、解吸附、再吸附、再解吸附使用,样品中各组分受到不同的吸附力和解析作用,导致各组分的移动速率大小不同,从而达到各成分互相分离的目的。

2)薄层色谱参数

(1)比移值

比移值又称 R_f 值,是薄层色谱法中表示组分移动位置的参数。比移值定义为薄层色谱法中原点到斑点中心的距离与原点到溶剂前沿的距离的比值,如图 5.8 所示。

在给定的条件下,化合物移动的距离和展开剂移动的距离之比是一定的,即 R_f 值是常数。R_f 值为 0~1,当 R_f 值等于 0 时,表示化合物在薄层上没有随展开剂的扩散而移动;当 R_f 值等于 1 时,表示化合物完全溶解在展开剂中,随溶剂同步移动。R_f 值一般要求为 0.15~0.85。

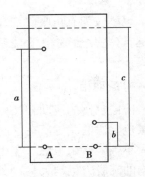

图 5.8　R_f 值的测定示意图

（2）相对比移值

在薄层色谱中，由于影响 R_f 值的因素很多，很难得到重复的 R_f 值。为此，采用相对比移值 R_s 代替 R_f 值，以消除系统误差。相对比移值 R_s 的定义为被测组分的比移值与对照物的比移值之比。例如，组分 A 相对于物质 B 的相对比移值计算式为：

$$R_s = \frac{R_{f(A)}}{R_{f(B)}} = \frac{a/c}{b/c} = \frac{a}{b}$$

用相对比移值 R_s 定性时，必须有参照物，参照物可以是样品中的某一组分，也可以是外加的对照品。R_s 值可以大于1。

3）固定相（吸附剂）

吸附剂就其性质而论，可分为有机吸附剂（如聚酰胺、纤维素、葡聚糖等）和无机物吸附剂（如硅胶、氧化铝、硅藻土等）。薄层色谱常用的固定相是硅胶、氧化铝和聚酰胺。

（1）硅胶

硅胶是薄层色谱最常用的无机吸附剂。有90%以上的薄层分离都应用硅胶。硅胶是表面有许多硅醇基的多孔性微粒，硅胶吸附性来源于它表面的硅醇基，混合物中各组分的极性基团与硅醇基形成氢键的能力不同而被分离。由于硅醇基的解离作用，使硅胶呈微酸性，主要用于分离酸性、中性有机物。若在制备薄板时适当加入碱性氧化铝，或者在展开剂中加少量的酸或碱调成一定 pH 值的展开剂，可改变硅胶的酸碱性质，适应不同物质分离的要求。常用的有硅胶 H（不含黏合剂）、硅胶 G（含煅石膏黏合剂）、硅胶 GF254（既含煅石膏又含荧光剂）等类型。

因水能与硅胶表面硅醇基中的羟基结合成水合硅醇基使其失去吸附活性或活性降低，所以在使用硅胶薄层板之前都要进行"活化"处理。

（2）氧化铝

氧化铝也是一种常见的无机吸附剂，氧化铝和硅胶类似，有氧化铝 H、氧化铝 G、氧化铝 HFz 等型号。按制备方法，氧化铝又分为碱性氧化铝、酸性氧化铝和中性氧化铝。碱性氧化铝制成的薄板适用于分离碳氢化合物、碱性物质（如生物碱）和对碱性溶液比较稳定的中性物质。酸性氧化铝适合酸性成分的分离。中性氧化铝适用于醛、酮以及对酸、碱不稳定的酯和内酯等化合物的分离。氧化铝的吸附性比硅胶弱，但它能显示出与硅胶不同的分离能力。因此，某些在硅胶上不能分离的混合物，能在氧化铝上得到很好的分离。

（3）聚酰胺

聚酰胺为有机吸附剂，聚酰胺分子内的酰氨基能与酚类、酸类、醌类及硝基化合物等形成氢键，这些化合物中酚羟基数目及位置的不同导致聚酰酸对其产生不同的吸附力，使其分离。

4）流动相

薄层色谱的流动相又称展开剂。展开剂的选择直接关系到能否获得满意的分离效果，是薄层色谱法的关键所在。展开剂的选择主要根据样品中各组分的极性、溶剂对各组分溶解度的大小等因素来考虑。在用硅胶或氧化铝等极性吸附剂作固定相时，展开剂的极性越大，对化合物的洗脱力也越大。

选择展开剂时，除了参考溶剂极性来选择外，更多的是采用试验的方法，在一块薄层板上进行试验,若所选展开剂使混合物中所有的组分点都移到了溶剂前沿,即 R_f 值都比较大,此溶剂的极性过强,应更换极性较小的展开剂;反之,如果各组分的 R_f 值都比较小,应更换极性较大的展开剂。当用一种溶剂做展开剂不能很好地展开各组分时,常选择用混合溶剂作为展开剂。先用一种极性较小的溶剂为基础溶剂展开混合物,若展开效果不好,用极性较大的溶剂与前一溶剂混合,调整极性,再次试验,直到选出合适的展开剂组合。合适的展开剂常需要多次仔细选择才能确定。

薄层色谱法中常用溶剂的极性由强到弱的顺序大致为:水>乙酸>吡啶>甲醇>乙醇>丙醇>丙酮>乙酸乙酯>乙醚>氯仿>二氯甲烷>甲苯>苯>三氯乙烷>四氯化碳>环己烷>石油醚。

5)操作技术

(1)薄层板的制备

①浆料的制备:取一定量的薄层硅胶在研钵中,以 1 份固定相加 3 份羧甲基纤维素钠水溶液(浓度为 0.3%～0.5%)的比例,用研锤沿同一方向研磨混合,去除表面的气泡。研磨匀浆的时间,根据经验来定,研磨成浓度均一、色泽洁白的胶状物为佳。

②铺板:取适量配制好的浆料倾注于清洁干燥的玻璃片上,拿在手中轻轻地左右摇晃,使玻璃片表面布满浆料,然后再轻轻振动,使玻璃片上的薄层均匀平滑。在室温下自然晾干。这种制备方法操作简单,但板面的薄厚一致性差,只适用于定性和分离制备,不适于定量。

涂布器可将浆料均匀地涂在玻璃板上,一次可铺成几块厚度均匀的板,具有较好的分离效果和重现性,可用于定量分析。

(2)薄层板的活化

活化是指激活薄层板表面及孔隙的表面活性点的强度和数量。活性点的强度及数目越大,吸附剂的活度就越高,吸附剂的保留能力就越强。

将晾干后的薄层板放在烘箱内加热活化,活化条件根据需要而定。硅胶板一般在烘箱中渐渐升温,维持 105～110 ℃活化 30 min。氧化铝板在 200 ℃烘 4 h 可得到活性为Ⅱ级的薄层板,在 150～160 ℃可得活性为Ⅲ～Ⅳ级的薄板。活化后的薄层板放在干燥器内保存待用。

(3)点样

先用铅笔在距薄层板一端 1 cm 处轻轻画一横线作为起始线,然后用毛细管吸取样品,在起始线上小心点样,斑点直径一般不超过 2 mm。若因样品溶液太稀,可重复点样,但应待前次点样的溶剂挥发后方可重新点样,以防样点过大,造成拖尾、扩散等现象,而影响分离效果。点样要轻,不可刺破薄层。

点样一般用 0.5～1 mm 的毛细管、微量注射器或点样器。如果有足够的耐性,最好用 1 μL 的点样管。这样,点的斑点较小,展开的色谱图分离度好,颜色分明。溶解样品的溶剂尽量避免用水,因为水易使斑点扩散,且不易挥发。

(4)展开剂配制

选择合适的量器把各组成溶剂移入分液漏斗,强烈振摇使混合液充分混匀,放置,如果分层,取用体积大的一层作为展开剂,不能直接用展开缸配置展开剂。混合不均匀和没有分液的展开剂,会造成层析完全失败。各组成溶剂的比例准确度对不同的分析任务有不同的要求,尽量达到实验室仪器的最高精确度,比如,取 1 mL 的溶剂,应使用 1 mL 的单标移液管,移液管应符合计量认证要求等。

（5）展开

薄层色谱的展开，在密闭容器（层析缸、标本缸、广口瓶）中进行。在层析缸中加入配好的展开溶剂，使其高度不超过 1 cm，盖上缸盖，让缸内溶剂蒸气饱和 5~10 min。再将点好试样的薄层板小心放入层析缸中，点样一端朝下，浸入展开剂中，盖好层析缸盖子。展开剂因毛细管效应沿薄层板上升，试样中各组分也随展开剂在薄层中以不同速度向前移动，待展开剂前沿上升到一定高度时取出，尽快再用铅笔在板上标明展开剂前沿位置。晾干或用凉风吹干，观察斑点位置，计算 R_f 值。注意：展开时，不要让展开剂前沿超过薄层板的边缘。

（6）斑点定位

被分离物质如果是有色组分，展开后薄层色谱板上即呈现出有色斑点。

如果化合物本身无色，则需将无色化合物展开后显色才能观察展开的化合物样点。常用的方法有碘蒸气显色、紫外灯显色和显色剂显色。

①碘蒸气显色：将展开的薄层板挥发干展开剂后，放在盛有碘晶体的密闭容器内，碘升华产生的蒸气能与许多有机物分子形成有黄棕色的复合物而显出颜色。碘能使许多化合物显色，如生物碱、氧基酸衍生物、肽类、脂类及皂苷等，其最大特点是与物质的反应是可逆的，当碘升华挥发后，斑点便于进一步处理。

②紫外灯显色：用掺有荧光剂的固定材料（如硅胶 F、氧化铝 F 等）制板，展开后待板上的展开剂挥发后，把板放在紫外灯下在暗处观察，有化合物的地方由于化合物吸收了紫外光而出现有色斑点，用铅笔标出荧光斑点的位置。

③显色剂显色：用喷雾瓶将显色剂直接喷洒在薄层板上，立即显色或加热至一定温度显色。也可用浸渍法处理薄层：将薄层板的一端轻轻浸入显色剂中，待显色剂扩散到全部薄层；或者将薄层全部浸入显色剂中，立即显色或加热至一定温度显色。

显色剂可分成两大类：一类是检查一般有机化合物的通用显色剂。常用的通用显色剂有硫酸溶液、0.5%碘的氯仿溶液、高锰酸钾溶液等。另一类是根据化合物分类或特殊官能团设计的专属性显色剂。如茚三酮则是氨基酸和脂肪族伯胺的专用显色剂；三氯化铁的高氯酸溶液可显色吲哚类生物碱。各类化合物的显色剂可以在文献中查询。

薄层色谱既可用于定性分析也可用于定量分析。可用于少量样的分离，也可用来精制样品。在进行有机化学反应时，薄层色谱法还可用来跟踪有机反应，常利用薄层色谱观察原料斑点是否消失来判断反应是否完成。

5.4.2 纸色谱法

纸色谱法（Paper Chromatography）是一种以滤纸为支持物的色谱方法，主要用于多官能团或高极性的亲水化合物（如醇类、羟基酸、氨基酸、糖类和黄酮类等）的分离检验。常用于药品的鉴别、纯度检查和含量测定。纸色谱法具有微量、快速、高效和敏捷度高等特点。

1）分离原理

一般认为纸色谱属于分配色谱范畴。滤纸纤维可吸附 25%~30% 的水分，其中 6%~7% 的水分和滤纸结构中的羟基以氢键结合，为固定相。其他溶剂可自由通过，为流动相。流动相流经支持物时，使各组分在固定相和流动相之间不断分配而得到分离。

纸色谱以滤纸作为分离的载体,距层析滤纸底边适当位置处点上样品,将滤纸放入展开槽中,溶剂借助毛细管的作用沿滤纸上行。水溶性大的或形成氢键能力强的组分在水中浓度大,随展开剂(流动相)的移动较慢;水溶性小、疏水性强的组分在有机溶剂中分配系数大,移动较快。随着展开剂的上行,混合物中各组分在两相之间反复进行分配,以不同的速度向上移动,最终把各组分分离开。

2)操作技术

（1）实验装置

将一张层析滤纸悬挂于带塞子的层析槽中即构成纸色谱装置,如图 5.9 所示。也可使用一个加塞子的大试管稍微倾斜放置,将滤纸折叠一定角度塞入试管构成。

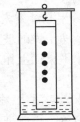

图 5.9　纸色谱装置图

（2）操作

纸色谱法适用于极性较大的亲水性化合物或极性差别较小的化合物的分离,与 TLC 操作方法类似。将裁好的滤纸在距离一端 1~2 cm 处用铅笔画好起始线,然后将样品溶液用毛细管点在起始线上,待样品溶剂挥发后,将滤纸的另一端悬挂在展开槽的玻璃钩上,使滤纸下端与展开剂接触,当展开剂前沿接近滤纸上端时,将滤纸取出,标记溶剂的前沿,测定计算化合物的比移值。纸色谱的这种由下向上的展开方法称为上升法。除此之外,还有下降法、圆形纸色谱法和双向纸色谱法等。

纸色谱法分离的混合物无色时,须将展开后的滤纸风干后,置于紫外灯下观察是否有荧光,或根据化合物的性质,喷上显色剂,观察斑点位置。纸色谱法的定性分析方法与定量分析方法同薄层色谱法是一致的。

实训 5.1　薄层色谱法鉴别复方乙酰水杨酸药片的成分

1)实验目的

①学习薄层色谱分离的原理。

②掌握薄层色谱分离的操作方法。

2)实验原理

薄层色谱是一种微量而快速的分离方法,其原理是试样中各组分的分子结构不同,受到的固定相的吸附力大小不同,导致各组分迁移的速率有差异,从而使各组分进行分离。

3)仪器与试剂

（1）仪器

短波紫外分析仪,鼓风干燥箱。

（2）试剂

硅胶（GF254）,羧甲基纤维素钠,二氯甲烷,无水硫酸镁;市售复方乙酰水杨酸药片;展开剂:苯:乙醚:冰醋酸:甲醇=120:60:18:1。

4）实验步骤

（1）薄层板的制备

①玻璃片的选择与清洗：选择平整、光滑、透明度好、四边磨光、200 mm×20 mm 的长方形玻璃片。先用去污粉洗，然后依次用自来水、蒸馏水洗净，晾干。

②调浆与涂布：称取 2 g 硅胶 GF254 放入一小型研体中，一边慢慢地研磨，一边慢慢地加 0.5% 的羧甲基纤维素钠水溶液 5~6 mL。待调成均匀的糊状后（注意：动作要快），将浆液倾倒在 4 块洁净干燥的玻璃板上，用洁净的玻璃棒将浆液在玻璃板上大致摊匀，用手将带浆液的玻璃板在水平桌面上作上下轻微地颤动，并不时转动方向，很快制成厚薄均匀、表面光洁平整的层析板。

③干燥与活化：将上述制成的湿层析板放在一个水平且防尘的地方，让其自行阴干固化，表面呈白色。再放进烘箱中于 110 ℃下活化 0.5~1 h，稍冷，取出置于干燥器中待用。

（2）点样

①样品液的制备：取复方水杨酸药片一片，在研钵中研细，然后转移到盛有 3 mL 二氯甲烷的小烧杯中，经过充分搅拌，使固体物几乎全部溶解，将有机层转移到一个 25 mL 的小锥形瓶中，用无水硫酸镁干燥、过滤，除去干燥剂后可直接用于点样。

②点样：把以上制得的样品用毛细管点加到预制的层析板距底板端 1 cm 的起点线上，点样量不宜过多，一般为 10~50 mg，样品点不宜过大，控制直径为 2~3 mm。点样时只需用毛细管稍蘸一下样液，轻轻地在预定的位置上一触即可。点样后应使溶剂挥发至干后再开始下一步操作。

（3）展开

将事先选好的展开剂放入展开缸内，展开剂液体的深度小于 1 cm 即可。马上盖好玻璃盖，使缸内达到蒸汽压饱和。放入点好样品的层析板，盖好瓶盖，使样品在缸内进行展开分离。当展开剂上升到预定的位置时，立即取出层析板，将它置于水平位置上风干，或用吹风机吹干。

（4）鉴定

将烘干的层析板放入 254 nm 紫外分析仪中照射显色，可以清晰地看出展开得到的 3 个粉红色斑点，定出它们的相对位置。用尺子量出从 3 个斑点中心到起点的距离和展开剂从起点到终点的距离，测算出 R_f 值。根据 R_f 值对照文献值确定 APC 药片的主要成分。

5）注意事项

①调浆不宜过干或者过稀，否则，制板不均匀。

②涂布厚薄一定要均匀，薄层的厚度约 0.25 mm，否则会影响分离的效果。

③点样用的毛细管必须专用，不得混用。点样时，使毛细管液面刚好接触到层析板即可，切勿点样过重而使薄层破坏。

 思考与练习

一、选择题

1.色谱法按操作形式的不同可分为（　　　）。

A.气-液色谱、气-固色谱、液-液色谱、液-固色谱

B.吸附色谱、分配色谱、离子交换色谱、凝胶色谱

C.柱色谱、薄层色谱、纸色谱

D.气相色谱、高效液相色谱、超临界流体色谱、毛细管电泳色谱

2.气相色谱中作为流动相的是(　　　)。

　　A.气体　　　　　　　B.吸附剂　　　　　　　C.展开剂　　　　　　　D.洗脱剂

3.下列物质是最常用的吸附剂之一的是(　　　)。

　　A.碳酸钙　　　　　　B.硅胶　　　　　　　　C.纤维素　　　　　　　D.硅藻土

4.纸色谱属于(　　　)。

　　A.吸附色谱　　　　　B.分配色谱　　　　　C.离子交换色谱　　　　D.气相色谱

5.设某样品斑点离原点的距离为 x，样品斑点离溶剂前沿的距离为 y，则 R_f 值是(　　　)。

　　A.x/y　　　　　　　B.y/x　　　　　　　　C.$x/(x+y)$　　　　　　D.$y/(x+y)$

6.某物质的 R_f，等于"零"，说明此物质(　　　)。

　　A.样品中不存在　　　　　　　　　　　　B.没有随展开剂展开

　　C.与溶剂反应生成新物质　　　　　　　D.不能被固定相吸附

7.薄层色谱点样线一般距玻璃板底端(　　　)cm。

　　A.0.2~0.3　　　　　B.0.3~0.5　　　　　C.1~2　　　　　　　D.2~3

二、简答题

1.薄层色谱法与纸色谱法相比，各自的优点有哪些？

2.平板色谱法的展开容器为什么要密闭？

3.平板色谱分析中，点样斑点过大有什么影响？

项目 6　气相色谱法

任务 6.1　气相色谱的基本原理

气相色谱法(Gas Chromatography, GC)是一种以气体为流动相的柱色谱法。气相色谱根据其固定相状态不同又分为气-固色谱和气-液色谱。气-固色谱以多孔性固体为固定相,分离的对象主要是一些永久性的气体和低沸点的化合物;气-液色谱的固定相是将高沸点的有机物涂渍在惰性载体(担体)上。由于有多种固定液可以选择,所以气-液色谱选择性更好,应用更广泛。

气相色谱分析技术具有检测灵敏度高、选择性好、分离效率高、分析速度快、样品用量少等特点。

6.1.1　分离原理

气-固色谱的固定相是固体吸附剂。当试样由载气携带进入色谱柱时,立即被吸附剂吸附。当载气不断流过吸附剂时,被吸附的试样组分又被洗脱下来。这种洗脱下来的现象称为脱附。脱附的组分随着载气继续前进时,又可被前面的吸附剂所吸附。随着载气的流动,被测组分在吸附剂表面进行反复的物理吸附、脱附过程。由于试样中各个组分的性质不同,受到的吸附力大小不同,组分受到的吸附力小,向前移动得快;组分受到的吸附力大,向前移动得慢。经过一定时间,试样中的各个组分就彼此分离而先后流出色谱柱。

气-液色谱分析中固定相是液体,称为固定液。在气-液色谱柱内,被测物质中各组分的分离是基于各组分在固定液中溶解度的不同。当试样被载气携带进入色谱柱与固定液接触时,气相中的试样组分就溶解到固定液中去。载气连续进入色谱柱,溶解在固定液中的试样组分会从固定液中挥发到气相中去。随着载气的流动,挥发到气相中的试样组分分子又会溶解在前面的固定液中。这样反复多次溶解、挥发、再溶解、再挥发。由于样品中各组分在固定液中溶解能力不同,溶解度大的组分就较难挥发,在柱中停留时间长,向前移动得慢;而溶解度小的组分,在柱中停留时间短,向前移动得快。经过一定时间后,各组分就彼此分离。

6.1.2　色谱图

在气相色谱法中,样品被载气带入色谱柱,样品中的各组分在色谱柱中被分离,先后流出色谱柱。色谱柱后装一检测器,用于检测被流出的组分。组分通过检测器时产生的响应信号随时间变化的曲线,称为色谱流出曲线,也称色谱图,如图 6.1 所示。理想的色谱流出曲线应是正态分布曲线。

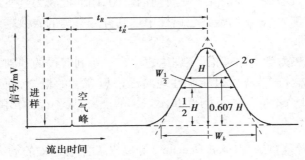

图 6.1　典型色谱流出曲线

6.1.3　色谱基本理论

在色谱过程中,两组分 A,B 实现分离,必须满足两个条件:色谱峰之间的距离足够大;色谱峰宽度要足够窄。色谱峰之间的距离与色谱过程的热力学因素有关,可用塔板理论来描述;色谱峰的宽度则与组分在柱中的扩散和运行速度有关,即所谓的动力学因素有关,需要用速率理论来描述。

1) 塔板理论

塔板理论把色谱柱比作一个精馏塔。把整个色谱柱看成是由许多假想的塔板组成的。即将色谱柱分为许多个小段,在每一小段(塔板)内,组分在两相之间达成一次分配平衡,然后随流动相向前移动,遇到新的固定相再次达成分配平衡。由于流动相在不停地移动,组分在这些塔板间就不断达成分配平衡。经过多次分配平衡后,分配系数小的先出柱。色谱柱的塔板数相当多,可达几十甚至几万。因此,组分的分配系数只要有微小差异,就可得到很好的分离效果。

在塔板理论中,把组分在分离柱内达成一次分配平衡所需的柱长称为理论塔板高度(H),色谱柱的柱长(L)除以理论塔板高度即得理论塔板数(n),即:

$$n = \frac{L}{H}$$

因理论塔板高度不易从理论上获得。理论塔板数可用下面的公式计算求得：

$$n = 5.54\left(\frac{t_R}{W_{\frac{1}{2}}}\right)^2 = 16\left(\frac{t_R}{W_b}\right)^2$$

由上式可知，n 一定时，色谱峰越窄，即 $W_{\frac{1}{2}}$ 或 W_b 越小，理论塔板数 n 越大，理论塔板高度 H 就越小，色谱柱的分离效率越高，因而 n 或 H 可作为描述柱效能的一个指标。

若考虑死时间 t_0 的存在，可用 t'_R 代替 t_R，求出有效塔板数 $n_{有效}$ 和有效塔板高度 $H_{有效}$，以此作为评价柱效能指标，即

$$n_{有效} = 5.54\left(\frac{t'_R}{W_{\frac{1}{2}}}\right)^2 = 16\left(\frac{t'_R}{W_b}\right)^2$$

$$H_{有效} = \frac{L}{n_{有效}}$$

有效塔板数和有效塔板高度消除了死时间的影响，因而能较为真实地反映柱效能的好坏。色谱柱的理论塔板数越大，表示组分在色谱柱中达到分配平衡的次数越多，固定相的作用越显著，因而对分离越有利。

塔板理论是基于热力学上的理论，该理论建立在一系列假设的基础上，这些假设条件与实际色谱分离过程不完全符合，所以只能定性地给出塔板高度的概念，而不能指出影响 H 的因素，不能解释诸如为什么不同流速下测得 H 不一样的现象，更不能指出降低 H 的途径等。

2) 速率理论

1956 年，荷兰学者范第姆特(Van Deemter)等提出了色谱过程的动力学理论，他们吸收了塔板理论的概念，并把影响塔板高度的动力学因素结合进去，导出了塔板高度 H 与载气线速度 μ 的关系，可用范第姆特方程描述为：

$$H = A + \frac{B}{\mu} + C_\mu$$

式中　H ——理论塔板高度；

　　　μ ——流动相的线速度；

　　　A ——涡流扩散项；

　　　B/μ ——分子扩散项；

　　　C_μ ——传质阻力项。

由上式可知，当 μ 一定时，只有 A，B，C 越小，H 才越小，色谱柱的分离效率才越高。

(1) 涡流扩散项 A

在色谱柱中，气体碰到填充物颗粒时，不断地改变流动方向，使试样组分在气相中形成类似"涡流"的流动，称为涡流扩散。如图 6.2 所示，同一组分的 3 个质点开始时都加到色谱柱端的同一位置，当流动相连续不断地通过色谱柱时，由于组分质点在流动相中形成不规则的"涡流"，同时进入色谱柱的相同组分的不同分子到达检测器的时间并不一致，引起了色谱峰的展宽。

范第姆特公式中涡流扩散项 A 的表达式为：

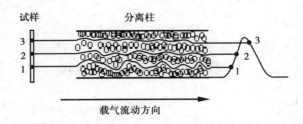

图 6.2 涡流扩散对色谱峰宽度的影响

$$A = 2\lambda d_p$$

上式表明 A 与固定相的平均颗粒直径 d_p 的大小和填充的不均匀性 λ 有关,而与载气性质、线速度和组分性质无关。因此,使用适当细粒度和颗粒均匀的载体(担体),并尽量填充均匀,可减少涡流扩散,降低塔板高度,提高柱效。

(2)分子扩散项 B/μ

由于试样组分被载气带入色谱柱后,是以"塞子"的形式存在于柱中的很小一段空间中,在"塞子"的前后(纵向)存在着浓度梯度。因此,使运动着的分子产生纵向扩散,从而使色谱峰展宽。

B 为分子扩散系数,表达式为:

$$B = 2rD_g$$

式中　r ——弯曲因子,表示填充物颗粒在柱内引起的气体扩散路径弯曲的程度,它反映了固定相的几何形状对分子扩散的阻碍情况,一般 $r < 1$;

　　　D_g ——组分在气相中的扩散系数,组分的相对分子质量越大,D_g 越小;载气相对分子质量越大,D_g 越小;柱温越高,D_g 越大。

分子扩散项 B/μ 与组分在色谱柱内的停留时间有关,组分停留时间越长,分子扩散越严重。因此,要降低分子扩散的影响,应加大载气流速。

综上所述,在实际操作时,采用相对分子质量较大的载气、合适的柱温,提高载气线速度,可降低分子扩散项,减小 H,提高柱效。

(3)传质项系数 C_μ

样品组分在两相间的转移过程称为传质过程。传质阻力项包括流动相传质阻力系数 C_g 和固定相传质阻力系数 C_1 两项。

流动相传质阻力系数 C_g 是指试样组分从流动相移动到固定相表面进行两相间浓度分配时所受到的阻力。C_g 越大,流动相传质过程时间越长,峰形展宽越大。采用颗粒细小的固定相、相对分子量小的载气可减小流动相传质阻力系数 C_g,提高柱效。

固定相传质系数 C_1 是指试样组分从两相界面移动到固定相内部,达到分配平衡,然后返回两相界面的传质过程中所受到的阻力。C_1 越大,这一过程需要的时间越长,组分分子返回流动相时与原来在流动相中的同一组分的其他分子相距就越远,从而使峰展宽越大。固定液液膜厚度越大,C_1 越大;温度越高,C_1 越小。

由上述讨论可知,范第姆特方程式对于分离条件的选择具有指导意义。它表明:固定相的粒度、填充均匀程度、载气种类、载气流速、柱温、固定相液的性质和液膜厚度等对柱效、峰展宽的影响。

任务 6.2　气相色谱仪

6.2.1　工作过程

气相色谱仪的工作过程为:载气由高压钢瓶供给,经减压阀减压后,进入载气净化干燥管、稳压阀或稳流阀以及流量计后,再经过进样器(包括气化室及温度控制装置),试样就从进样器注入,由不断流动的载气携带试样进入色谱柱,将各组分分离,各组分依次进入检测器后放空。检测器信号由记录系统记录下来,转换成相应的输出信号,并记录成色谱峰,各个峰代表混合物中的各个组分。其简单流程图如图 6.3 所示。

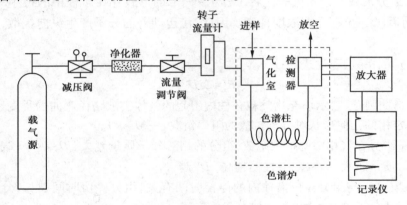

图 6.3　气相色谱仪流程图

6.2.2　基本构造

目前气相色谱仪型号繁多。但 GC 仪器的基本构造是相似的,主要由气路系统、进样系统、分离系统(色谱柱)、检测系统、温度控制系统以及数据处理系统。

1)气路系统

气路系统包括气源、气体净化器、气路控制系统。

气路控制系统的作用是将载气及辅助气进行稳压、稳流及净化干燥,以满足气相色谱分析的要求。常见的气路系统有单柱单气路和双柱双气路。载气常用的有 H_2,He,N_2,Ar 等。在实际应用中载气的选择主要是根据检测器的特性来决定,同时考虑色谱柱的分离效能和分析时间。载气的纯度、流速对色谱柱的分离效能、检测器的灵敏度均有很大影响,因此必须注意控制。

2)进样系统

进样系统包括进样器和气化室。进样系统的功能是引入试样,并使试样瞬间气化。

气体样品可用六通阀进样,进样量由定量管控制,可以按需要更换。液体样品可用微量注射器进样,重复性比较差,其外形与医用注射器相似,常用规格有 0.5,1,5,10 和 50 μL。大批量样品的常规分析常用自动进样器,重复性很好。在毛细管柱气相色谱中,由于毛细管柱样品容量很小,一般采用分流进样器,进样量比较多,样品气化后只有一小部分被载气带入色谱柱,大部分被放空。

气化室作用是把液体样品瞬间加热变成气体,然后由载气带入色谱柱。气化室一般为一根在外管绕有加热丝的不锈钢管制成,温控范围为 50~500 ℃。

3) 分离系统

分离系统主要由色谱柱组成,是气相色谱仪的心脏,其功能是使试样在柱内运行的同时得到分离。色谱柱分填充柱和毛细管柱两大类。填充柱是将固定相填充在不锈钢或玻璃材质的管中(常用内径 2~4 mm),长 1~10 m,内装颗粒状固定相,填充柱的形状有 U 形和螺旋形两种。

毛细管柱是用熔融二氧化硅拉制的空心管,也称弹性石英毛细管。通常柱内径为 0.1~3 m,柱长为 30~200 m,绕成直径为 20 cm 左右的环状。用这样的毛细管作分离柱的气相色谱称为毛细管气相色谱或开管柱气相色谱,其分离效率比填充柱要高得多。

色谱柱的分离效果除与柱长、柱径和柱形有关外,还与所选用的固定相和柱填料的制备技术以及操作条件等许多因素有关。

4) 检测器

检测器是将被分离的组分信息转变为电信号的装置。检测器的选择要依据分析对象和目的来确定。根据测量原理的不同,可分为浓度型检测器和质量型检测器。浓度型检测器测量的是载气中某组分浓度瞬间的变化,即检测器的响应值和组分的浓度成正比,如热导池检测器和电子捕获检测器等。质量型检测器测量的是载气中某组分进入检测器的速度变化,即检测器的响应值和单位时间内进入检测器某组分的质量成正比,如氢火焰离子化检测器和火焰光度检测器等。

(1)热导池检测器

热导池检测器(TCD)是利用被检测组分与载气热导率的差别来响应的浓度型检测器,具有结构简单、测定范围广、稳定性好、线性范围宽、样品不被破坏等优点。因此,在气相色谱中得到广泛应用,但缺点是灵敏度低,一般适宜作常量分析。

①热导池结构:热导池由金属池体(铜块或不锈钢制成)和装入池体内两个完全对称孔道内的热敏元件(由钨丝、铂丝或铼钨合金丝制成)组成。

②工作原理:热导池电路采用惠斯登电桥形式,利用一个孔道内的热敏元件作为参比臂 R_1,另外一个孔道内的热敏元件作为测量臂 R_2。在安装仪器时,挑选配对钨丝使 $R_1 = R_2$。参比臂接在色谱柱前,只有载气通过;测量臂接在色谱柱后,除有载气通过外,还有经色谱柱分离后的组分气体随载气通过。R_1,R_2 与两个阻值相等的固定电阻 R_3 和 R_4 构成惠斯登电桥,如图 6.4 所示。在没有任何外界条件影响的情况下,电桥处于平衡状态,$R_1/R_2 = R_3/R_4$,即 $R_1 \cdot R_4 = R_2 \cdot R_3$。

通电后热敏元件温度发生改变。当热导池的参比臂和测量臂都只有载气通过时,两臂发热量和载气所带走的热量均相等。故两臂温度变化恒定,R_1 与 R_2 阻值的改变量 ΔR_1 与 ΔR_2 是相等的。此时电桥平衡,没有电流输出,因此没有信号产生,记录仪上记录的是一条直线。

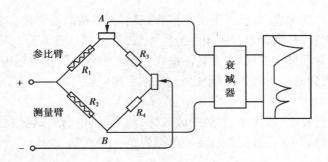

图 6.4　热导池工作原理示意图

当参比臂只通过载气,而测量臂有载气和样品通过时,因两臂通过的物质不同,故带走的热量不同,两臂温度变化有区别,此时 ΔR_1 与 ΔR_2 不相等,电桥失去平衡,有电信号产生,记录仪上出现色谱峰。

③注意事项:热导池检测器操作时先通载气后通热导工作电流,在长期停机后重新启动操作时,应先通载气 15 min 以上,然后再加热导工作电流,以保证热导原件不被氧化或烧坏。关机时先关闭检测器的工作电流,在柱箱和检测器温度降到 70 ℃以下,才能关闭气源。一般情况下,检测器的温度波动应小于±0.01 ℃,载气流量波动应小于±1%。常用氢气或氮气作载气,不能用氨气作载气。

(2)氢火焰离子化检测器

氢火焰离子化检测器(FID)是目前应用最广泛的色谱检测器之一。具有灵敏度高,检出限低,能检测大多数含碳有机化合物,响应速度快,线性范围宽等特点。但是不能检测水、一氧化碳、二氧化碳、氮的氧化物、硫化氢等物质。

①氢火焰离子化检测器的结构:氢火焰离子化检测器主要部分是一个离子室(图 6.5)。离子室一般用不锈钢制成,包括气体入口、火焰喷嘴、一对电极和外罩。

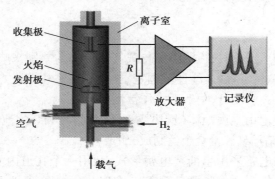

图 6.5　氢火焰离子化检测器结构图

②工作原理:被测组分被载气携带,从色谱柱流出,与氢气混合一起进入离子室,由毛管喷嘴喷出。氢气在空气的助燃下经引燃后进行燃烧,以燃烧所产生的高温(约 2 100 ℃)火焰为能源,使被测有机物组分电离成正负离子。在氢火焰附近设有收集极(正极)和极化极(负极),在两级之间加有 150～300 V 的极化电压,形成一直流电场。产生的离子在收集极和极化极的外电场作用下定向运动形成电流。

③注意事项:氢火焰离子化检测器需要使用 3 种气体,即氮气作载气、氢气作燃气、空气作

助燃气。3种气体流量比例要适当,否则会影响火焰温度及组分的电离过程。通常三者的比例是氮气:氢气:空气 = 1:(1~1.5):10。

氢火焰离子化检测器属质量型检测器,在进样量一定时,峰高与载气流速成正比。因此,当用峰高定量时,需保持载气流速恒定。

氢火焰中生成的离子只有在电场作用下才能向两极定向运动形成电流。因此,极化电压的大小直接影响响应值。极化电压低,电流信号小;当极化电压增大到一定值时,再增大电压,则对电流几乎无影响。一般选用的极化电压为 150~300 V。

【知识拓展】

气相色谱常用检测器还有电子捕获检测器和火焰光度检测器,几种检测器的性能和用途比较见表 6.1。

表 6.1　几种检测器的性能和用途比较

性能＼检测器	热导池检测器	火焰离子化检测器	电子捕获检测器	火焰光度检测器
类型	浓度	质量	浓度	质量
通用性或选择性	通用	基本通用	选择	选择
检出限	2×10^{-8} g/mL	10^{-13} g/s	10^{-14} g/mL	10^{-13} g/s(P) 10^{-11} g/s(S)
适用范围	有机物和无机物	含碳有机物	卤素及亲电子物	含硫、磷化合物

5) 温度控制系统

温度控制系统用于设置、控制和测量气化室、色谱柱和检测室 3 处的温度。

气化室温度应使试样瞬间气化而又不分解,通常选择稍高于试样沸点的温度。对于不稳定性样品,可采用高灵敏度检测器。

柱室温度的变动会引起柱温的变化,从而影响色谱柱的选择性和柱效。因此,柱室的温度控制要求精确。温控方法根据需要可以恒温,也可以程序升温。程序升温方式应根据样品中组分的沸点分布范围来选择,可以是线性或多阶线性等。

6) 数据处理系统

数据处理系统最基本的功能是将检测器输出的模拟信号随时间的变化曲线(色谱图)画出来,给出样品的定性、定量结果。

早期常用的数据处理系统有记录仪、色谱数据处理机。目前多采用配备操作软件包的工作站,用计算机控制,既可对色谱数据进行自动处理,又可对色谱系统的参数进行自动控制。

色谱工作站是于 20 世纪 70 年代后期出现的,是由一台微型计算机来实时控制色谱仪器并进行数据采集和处理的一个系统,由硬件和软件两部分组成。硬件是一台微型计算机。软件主要包括色谱仪实时控制程序、峰识别和峰面积积分程序、定量计算程序及报告打印程序等。

6.2.3　气相色谱仪的维护与保养

1) 载气系统

载气系统最主要的维护工作就是检漏,可采用厂家提供的检漏液或者自行配制肥皂水振摇起泡,涂抹在管路连接或阀等有缝隙的地方查看。检漏工作应定期进行,周期视实际情况而定。每次更换气瓶、减压阀等也需检漏。需要注意的是,不要将载气管路长时间放空,应采用堵头堵住两端,尽量避免空气进入载气管路。

净化管有很多种选择,主要有氧气净化管、水分净化管、烃类净化管、综合净化管等。除了部分水分及烃类净化管可以再生处理以外,一般均为一次性使用,寿命视实际情况而定。

2) 进样系统

如发现进样口压力下降,可检查是否隔垫磨损严重,必要时更换。安装更换隔垫拧得过紧,会导致隔垫过于收缩、变硬,进样时隔垫易产生碎屑,一般以不漏气稍紧一些即可。

衬管在 GC 中主要起样品气化室的作用,样品在衬管中气化并被带入气相中。衬管清洗主要用纯水、甲醇或无水乙醇等冲洗或超声清洗,污染严重可用棉签轻轻擦拭,然后放置到烘箱 70 ℃烘干后干燥冷却密封存放即可。金属密封垫有污染情况可卸下用纯水或有机溶剂超声清洗。

3) 分离系统

新制备的填充柱在使用前必须经过老化处理,在室温下将色谱柱的入口端与进样器相连接,然后接通载气,调节载气流速为 10~20 mL/min,再以程序升温的方式缓慢将柱温升至比使用温度高 20 ℃,并在此温度下老化 4~8 h。如果使用氢气作载气,还应注意将出口端流出的氢气引出室外。毛细管柱的老化程序可在比最高分析温度高 20 ℃或最高柱温的条件下老化柱子 2 h。

4) 检测系统

TCD 检测器主要维护工作为热丝维护和热导池维护。当 TCD 不使用时,关闭或大大降低热丝电流也可延长热丝寿命。

FID 检测器的维护工作大部分围绕清洗喷嘴进行。另外,在平时需要不时地测定氢气、空气和尾吹气流速。清洗喷嘴,一定要小心,不要划伤喷嘴内部,划痕将会损坏喷嘴。

除此之外,还需注意以下事项:严格按照说明书要求,进行规范操作;仪器应有良好的接地,使用稳压电源,避免外部电器的干扰;使用高纯载气,纯净的氢气和压缩空气,尽量不用氧气代替空气;确保载气、氢气、空气的流量和比例适当、匹配,一般指导流速依次为载气30 mL/min、氢气 30 mL/min、空气 300 mL/min。针对不同的仪器特点,可在此基础上适当调整;经常进行试漏检查(包括进样垫);注射器要经常用溶剂(如丙酮)清洗;实验结束后,应立即清洗干净;要尽量用磨口玻璃瓶作试剂容器;避免超负荷进样;对于欠稳定的物质,最好用溶剂稀释后再进行分析,这样可以减少样品的分解;尽量采用惰性好的玻璃柱(如硼硅玻璃、熔石英玻璃柱);做完实验,用适量的溶剂(如丙酮等)冲一下柱子和检测器。

任务 6.3　气相色谱固定相

气相色谱仪根据使用的固定相性质分为气-固色谱和气-液色谱。气-固色谱固定相为吸附剂,气-液色谱固定相由载体和固定液组成。由于使用惰性气体作流动相,可以认为组分和流动相分子之间基本没有作用力,决定色谱分离的主要因素是组分和固定相分子之间的相互作用力,所以固定相的性质对分离起着关键性作用。

6.3.1　固体固定相

固体固定相一般采用固体吸附剂,主要用于分离和分析永久性气体及气态烃类物质。利用固体吸附剂对气体的吸附性能差别,获得分析结果。常用的固体吸附剂主要有强极性的硅胶、弱极性的氧化铝、非极性的活性炭和具有特殊吸附作用的分子筛。根据它们对各种气体的吸附能力的不同来选择最合适的吸附剂。常见的吸附剂及其一般用途见表6.2。

表 6.2　气-固色谱常用的几种吸附剂及其性能

吸附剂	主要化学成分	最高使用温度/℃	性　质	分离特征
活性炭	C	<300	非极性	永久性气体,低沸点烃类
石墨化炭黑	C	>500	非极性	主要分离气体及烃类
硅胶	$SiO_2 \cdot xH_2O$	<400	氢键型	永久性气体、低级烃
氧化铝	Al_2O_3	<400	弱极性	烃类及有机异构物
分子筛	$x(MO) \cdot y(Al_2O_3)$ $z(SiO_2) \cdot nH_2O$	<400	极性	特别适宜分离永久性气体

6.3.2　液体固定相

液体固定相由载体(担体)和固定液组成,是气相色谱中应用最广泛的固定相。

1)载体

载体是固定液的支持骨架,是一种多孔性的、化学惰性的固体颗粒,固定液可在其表面上形成一层薄而均匀的液膜,以加大与流动相接触的表面积。载体应具有如下特点:

①具有多孔性,即比表面积大。

②化学惰性,即不与样品组分发生化学反应。表面没有活性,但有较好的浸润性。

③热稳定性好。

④有一定的机械强度,使固定相在制备和填充过程中不易破碎。

(1)载体种类及性能

载体大致可分为两类,即硅藻土类和非硅藻土类。硅藻土类载体是天然硅藻土经煅烧等处理后而获得的具有一定粒度的多孔性颗粒;非硅藻土类载体品种不一,多在特殊情况下使用,如氟载体、玻璃珠等。硅藻土类是目前气相色谱中广泛使用的一种载体,按其制造方法不同,又可分为红色和白色载体两种。

红色载体因含少量氧化铁颗粒呈红色而得名,如 201,202,6201,C-22 火砖和 Chromosorb P 等型号的载体。红色载体的机械强度大,孔穴密集、孔径小(约 2 μm),比表面积大(约 4 m²/g),但表面存在吸附中心,对极性化合物有较强的吸附性和催化活性,如烃类、醇,胺,酸等极性物质会因吸附而产生严重拖尾。因此,红色载体适用于涂渍非极性固定液,分离非极性和弱极性化合物。

白色载体是天然硅藻土在煅烧时加入少量碳酸钠之类的助熔剂,使氧化铁变为白色的铁硅酸钠而得名,如 101,102,Chromosorb W 等型号的载体。白色载体的比表面积小(1 m²/g),孔径较大(8~9 μm),催化活性小,所以适于涂渍极性固定液,分离极性化合物。

(2)硅藻土载体的预处理

普通硅藻土载体的表面并非惰性,而是具有硅醇基(—Si—OH),并有少量金属氧化物。如氧化铝、氧化铁等。因此,在它的表面既有吸附活性,又有催化活性,会造成色谱峰的拖尾。因此,使用前要对硅藻土载体表面进行化学处理,以改进孔隙结构,屏蔽活性中心。处量方法有:酸洗(除去碱性作用基团)、碱洗(除去酸性作用基团)、硅烷化(除去氢键结合力)、釉化(表面玻璃化,堵住微孔)等方法。

2)固定液

固定液一般为高沸点的有机物均匀地涂在载体表面,呈液膜状态。

(1)对固定液的要求

①对被测组分化学惰性。

②热稳定性好,在操作温度下固定液的蒸气压很低,不应超过 13.3 Pa,超过此限度,固定液易流失。

③对不同的物质具有较高的选择性,即对沸点相同或相近的不同物质有尽可能高的分离能力。

④黏度小、凝固点低,使其对载体表面具有良好浸润性,易涂布均匀。

⑤对样品中各组分有相当的溶解能力。

(2)固定液的分类

固定液种类众多,其组成、性质和用途各不相同。主要依据固定液的极性和化学类型来进行分类。固定液的极性可用相对级性(P)表示。

相对极性的确定方法如下:规定非极性固定液角鲨烷的极性 $P=0$,强极性固定液 β,β′-氧二丙腈的极性 $P=100$,其他固定液以此为标准通过实验测出在 0~100。通常将相对极性值分为五级,每 20 个相对单位为一级,相对极性在 0~+1 的为非极性固定液(也可用"−1"表示非极性);+2 为弱极性固定液;+3 为中等极性固定液;+4、+5 为强极性固定液。表 6.3 列出了气-液色谱常用的固定液。

(3)固定液的选择

一般按"相似相溶"原则来选择固定液。这样分子间的作用力强,选择性高。分离效果好。具体可从以下 5 个方面进行考虑。

表 6.3　气-液色语常用的固定液

固定液	型　号	相对极性	最高使用温度/℃	溶　剂	分析对象
角鲨烷	SQ	−1	150	乙醚、甲苯	气态烃、轻馏分液态烃
甲基硅油或甲基硅橡胶	SE-30 OV-101	+1	350 200	氯仿、甲苯	各种高沸点化合物
苯基(10%)甲基聚硅氧烷	OV-3	+1	350	丙酮、苯	各种高沸点化合物、对芳香族和极性化合物保留值增大，OV-17+QF-1 可分析含氯农药
苯基(25%)甲基聚硅氧烷	OV-7	+2	300	丙酮、苯	
苯基(50%)甲基聚硅氧烷	OV-17	+2	300	丙酮、苯	
苯基(60%)甲基聚硅氧烷	OV-22	+2	300	丙酮、苯	
二氟丙基(50%)甲基聚硅氧烷	QF-1 OV-210	+3	250	氯仿、二氯甲烷	含卤化合物、金属螯合物，甾类
β-氰乙基(25%)甲基聚硅氧烷	XE-60	+3	275	氯仿、二氯甲烷	苯酚、酚醚、芳胺、生物碱、甾类
聚乙二醇	PEG-20M	+4	225	丙酮、氯仿	选择性保留分离含 O、N、官能团及含 O、N 杂环化合物
聚乙二酸二乙二醇酯	DEGA	+4	250	丙酮、氯仿	分离 Cl-C24 脂肪酸甲酯，甲酚异构体
聚丁二酸二乙二醇酯	DEGS	+4	220	丙酮、氯仿	分离饱和及不饱和脂肪酸酯，苯二酸酯异构体
1,2,3-三(2-氰乙氧基)丙烷	TCEP	+5	175	氯仿、甲醇	选择性保留低级 O 化合物,伯、仲胺、不饱和烃、环烷烃等

①分离非极性物质,则宜选用非极性固定液。此时样品中各组分按沸点次序流出,沸点低的先流出,沸点高的后流出。如果非极性混合物中含有极性组分,当沸点相近时,极性组分先流出。

②分离极性物质,则宜选用极性固定液。样品中各组分拉极性由小到大的次序流出。

③对于非极性和极性的混合物的分离,一般选用极性固定液。此时非极性组分先流出,极性组分后流出。

④能形成氢键的样品,如醇、酚、胺和水等,则应选用氢键型固定液,如腈、醚和多元醇固定液等。此时各组分将按与固定液形成氢键能力的大小顺序流出。

⑤对于复杂组分,一般首先在不同极性的固定液上进行实验,观察未知物色谱图的分离情况,然后再选择合适极性的固定液。

6.3.3　合成固定相

合成固定相又称聚合物固定相,包括高分子多孔微球和键合固定相。其中键合固定相多用于液相色谱。高分子多孔微球是一种合成的有机固定相,可分为极性和非极性两种。非极性聚合固定相由苯乙烯和二乙烯苯共聚而成,如我国 GDX-1 型和 GDX-2 型以及国外的 Chromosorb 系列等。极性聚合固定相是在苯二烯和二乙烯苯聚合时引入不同极性的基团,即可得到不同极性的聚合物,如我国 GDX-3 型和 GDX-4 型和国外的 Porapak N 等。

聚合物固定相既是载体又起固定液的作用,可活化后直接用于分离,也可作为载体在其表面涂渍固定液后再用,由于聚合物固定相是人工合成,所以能控制其孔径大小及表面性质,一般这类固定相的颗粒为均匀的圆球状,易于填充色谱柱,分析的数据重现性好。由于无液膜存在,不存在流失问题,有利于程序升温,用于沸点范围宽的样品分离。这类高分子多孔微球的比表面和机械强度较大且耐腐蚀,其最高使用温度为 250 ℃,特别适用于有机物中痕量水的分析,也可用于多元醇、脂肪酸、腈类和胺类的分析。

任务 6.4　气相色谱分析法的应用

气相色谱法分离效率高、分析速度快、操作简便,结果准确,因此它在石油化工、食品、医药及环境等领域有着广泛的应用。

6.4.1　气相色谱在石油化工中的应用

气相色谱分析法在石油化工领域应用非常广泛。如炼油产品中微量硫元素分析、汽油中辛烷值分析、石脑油复杂样品成分分析等。图 6.6 是用 PONA 柱分析重整汽油的色谱图。

6.4.2　气相色谱在食品分析中的应用

气相色谱在食品领域应用非常广泛。如白酒中的香气成分分析;油脂中的不饱和脂肪酸分析;植物性食品中药物残留分析等。图 6.7 是食品中 37 种脂肪酸气相色谱分析色谱图。

图 6.8 为食品中菊酯类农药残留分析色谱图。图 6.9 为植物性食品中有机氯和拟除虫菊酯类农药残留分析色谱图。

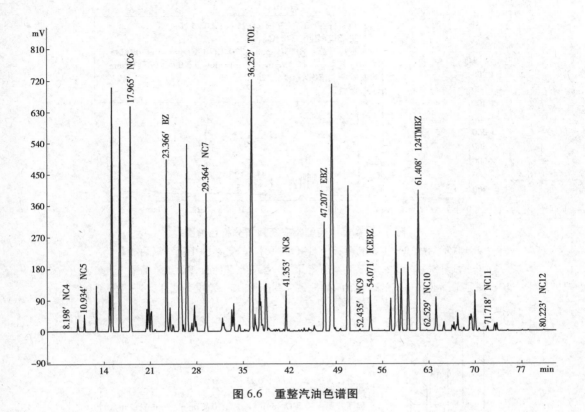

图 6.6　重整汽油色谱图

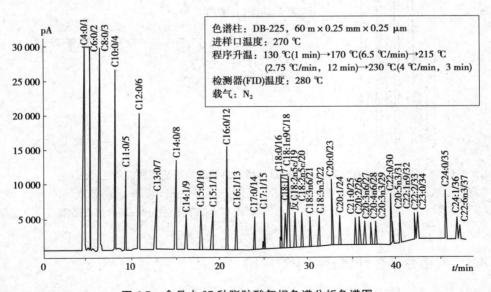

图 6.7　食品中 37 种脂肪酸气相色谱分析色谱图

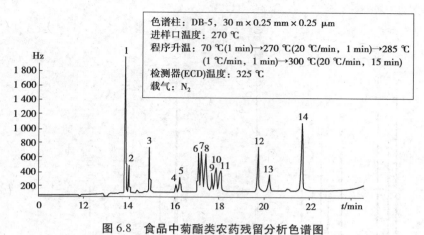

图 6.8　食品中菊酯类农药残留分析色谱图

1—联苯菊酯；2—甲氰菊酯；3—氯氟氰菊酯；4—氯菊酯Ⅰ；5—氯菊酯Ⅱ；
6—氟氯氰菊酯Ⅰ；7—氟氯氰菊酯Ⅱ；8—氟氯氰菊酯Ⅲ；9—氯氰菊酯Ⅰ；
10—氯氰菊酯Ⅱ；11—氯氰菊酯Ⅲ；12—氰戊菊酯Ⅰ；13—氰戊菊酯Ⅱ；14—溴氰菊酯

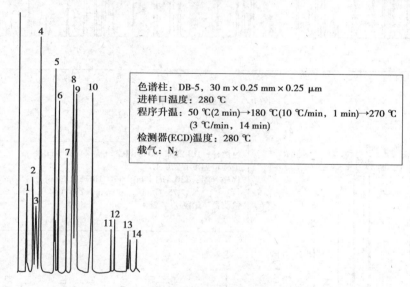

图 6.9　植物性食品中有机氯和拟除虫菊酯类农药残留分析色谱图

1—α-六六六；2—β-六六六；3—γ-六六六；4—δ-六六六；5—七氯；6—艾氏剂；7—p,p′-滴滴伊；8—o,p′-滴滴涕；
9—p,p′-滴滴滴；10—p,p′-滴滴涕；11—三氟氯氰菊酯；12—二氯苯醚菊酯；13—氯戊菊酯；1—溴戊菊酯

6.4.3　气相色谱在环境分析中的应用

环境是人类生存繁衍的物质基础。凡是与人类生存生活有关的样品都可称为环境样品，包括大气、烟尘、自然界的各种水质（包括江河湖海及地下水、地表水等）、各种工业废水和城市污水、土壤等。现代环境污染的重点不再是重金属污染，而是有机物污染。气相色谱在环境监测分析中起非常重要的作用。图 6.10 是水质中常见有机溶剂分析色谱图。

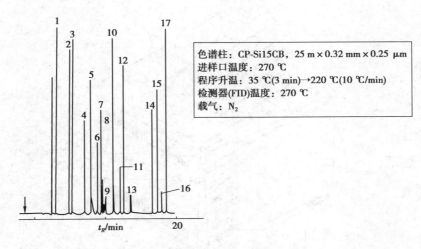

图 6.10　水质中常见有机溶剂分析色谱图

1—乙腈；2—甲基乙基酮；3—仲丁醇；4—1,2-二氯乙烷；5—苯；6—1,1-二氯丙烷；7—1,2-二氯丙烷；
8—2,3-二氯丙烷；9—氯甲代氧丙环；10—甲基异丁基酮；11—反 1,3-二氯丙烯；12—甲苯；13—未定；
14—对二甲苯；15—1,2,3-三氯丙烷；16—2,3-二氯取代的醇；17—乙基戊基酮

6.4.4　气相色谱在药物分析中的应用

许多中西药(如镇静催眠药、镇痛药、兴奋剂、抗生素、硫胺类药以及中药中常见的萜烯类化合物等)在提纯浓缩后,能直接或衍生化后进行气相色谱分析。在药物研究中,常通过对体液和组织中的药物进行检测,了解给药后药物在体内的吸收、分布、代谢和排泄情况,为药物的药效、毒性及其作用机制研究提供信息。

实训 6.1　Agilent 6890 气相色谱仪的使用

1) 实验目的

以分析苯同系物为例,介绍 Agilent 6890 气相色谱仪分析样品操作步骤及操作注意事项。

2) 实验介绍

(1) Agilent 6890 气相色谱仪简介

Agilent 6890 气相色谱仪具有双柱双进样口和双检测器的气相色谱仪,电子气路控制(EPC)气体流量和压力,温度控制、信号采集与处理等均通过计算机软件实现,高度自动化。Agilent 6890 气相色谱仪主机如实训图 6.1 所示。

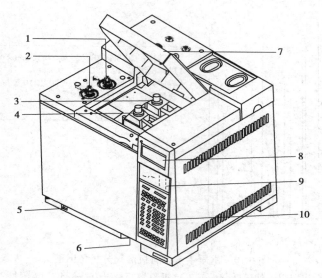

实训图 6.1　Agilent 6890 气相色谱仪主机

1—后进样口;2—前进样口;3—后检测器;4—前检测器;5—电源开关;

6—柱箱弹键(按下打开);7—GC 检测器盖板;8—显示屏;9—状态栏;10—键盘

(2)Agilent 6890 气相色谱仪(FID)分析样品操作步骤及操作注意事项

3)实验步骤

(1)开机前的准备工作

①气体准备:准备 1 瓶高纯(>99.99%)氮气(载气)、1 瓶氢气(燃烧气)和 1 瓶空气(助燃气)。气体可由高压钢瓶提供,也可由气体发生器提供。将气体与气相色谱仪连接,并用肥皂水检查各连接部位是否漏气,否则需重新连接。

②连接色谱柱:根据样品分析需要选择填充柱或毛细管柱连接到气相色谱仪上。毛细管柱连接到气相色谱仪的操作步骤如下:

a.将毛细管色谱柱安放于柱箱内的柱悬挂架上。

注意:柱应放在柱箱中央,不要让柱的任何部位与柱箱接触;保持进样口和检测器接头的柱末端形如平滑的曲线。

b.接进样口(实训图 6.2):

●将毛细管柱螺帽和石墨垫圈安装于柱上(a)。

●使用玻璃刻痕工具刻划柱。注意:刻痕部位必须平直,确保裂口整齐(b)。在柱刻痕部位的对面折断柱子,观察末端,确保没有毛边或呈锯齿状(c)。

●用带有异丙醇的棉纸擦毛细管柱壁,去掉指纹和粉末(d)。

●在柱垫圈上端以上留出柱 4~6 mm,然后在柱螺帽下端做标记(e)。

●将柱插入进样口,把螺帽和垫圈上部的柱子滑向进样口底部,用手指拧紧柱螺帽直至柱被固定(f)。

●调节柱位置,使柱上标记正好位于柱螺帽底部(g)。

●拧紧螺帽 1/4~1/2 圈,直至用轻微的力不能将柱从接头上拉下(h)。

c.检查柱是否被堵塞:将毛细管柱另一滴(接检测器端)插入装有丙酮溶剂的样品瓶中,开启载气使其流量为 1 mL/min,检查毛细管柱是否有气泡流出,确认通气后再与检测器相接。

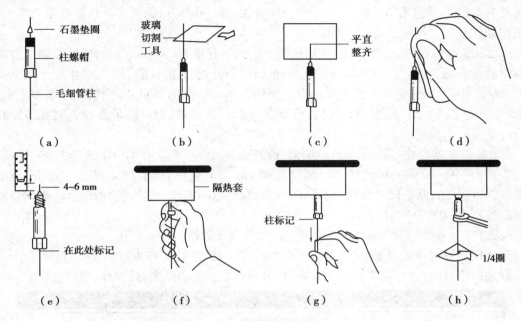

实训图 6.2 毛细管柱接进样口操作步骤图

d.接(FID)检测器:
- 将毛细管柱螺帽和石墨垫圈安装于柱上。
- 轻轻地将柱插入检测器直至其底部,注意:不要强行插入。
- 用手指拧紧柱螺帽,然后将柱拉出约 1 mm,再用扳手将螺帽拧 1/4 圈。

③色谱柱老化:新购置(或长期未使用)的色谱柱在使用前要进行老化处理,以除去残留的溶剂及杂质。毛细管柱的老化方法是:开通载气让气流在室温下通入柱内 15~30 min,以赶走柱内空气;将柱箱温度从室温升到柱的最高使用温度,升温速率 5~10 ℃/min,并保持最高温度约 30 min。

注意事项:
- 色谱柱老化要在色谱柱接检测器之前进行,并用封口螺帽将检测器柱入口密封。
- 老化时不能用氢气作载气,以防氢气进入柱箱爆炸。
- 老化最高温度不能超过柱使用最高温度。

(2)开机操作程序

①打开载气 N_2 阀,调节减压阀至出口压力为 0.5 MPa;打开 H_2 阀,调节减压阀至出口压力为 0.22~0.26 MPa;打开空气 Air 阀,调节减压阀至出口压力为 0.5 MPa。

②打开电脑至待机状态。

③打开 GC 主机开关,待仪器自检结束。

④在电脑界面双击控制 Agilent 6890 气相色谱仪的联机软件,实现软件与主机联机操作。

⑤设置仪器参数,建立样品分析方法。在"方法与运行控制"界面,点击菜单"方法"选择"编辑完整方法",进入仪器参数设定界面:

a.选择进样方式为手动进样。

　　b.设置进样口参数:选择柱连接进样口(前或后);选择进样模式为分流(或不分流)模式,分流比为 30:1;载气为 N_2(或 He),载气总流量为 400 mL/min;设置进样口温度为 200 ℃;选择使用载气节省。设置后单击"应用"。

　　c.设置色谱柱参数:选择恒流(或恒压)模式,设置柱流量为 1 mL/min;确认色谱柱连接的进样口和检测器,查看色谱柱信息与使用的色谱柱是否相符,确认后点击"应用"。

　　d.设置柱箱参数(炉温升温程序):设置初始为 50 ℃,保持 2 min,以 10 ℃升至 180 ℃,再以 20 ℃升至 230 ℃,保持 5 min。设置后点击"应用"。注意:炉温的最高设置温度不能高于色谱柱最高使用温度。

　　e.设置检测器参数:选择(FID)检测器,设置检测器温度为 250 ℃、H_2 流量为 40 mL/min、空气流量为 450 mL/min、尾吹气(N_2)流量为 45 mL/min;选择"火焰"自动点火。点击"应用"。注意:H_2 和空气的流量设定大约为 1:10,否则,检测器不能点火;检测器的温度一般比炉温的最高温度高出 20~50 ℃。

　　f.设置信号参数:选择检测器(FID)信号,选择保存数据,点击"应用"。

　　至此仪器分析参数设置完毕,点击菜单"方法"选择"方法另存为"保存为方法文件。

　　⑥调出信号窗口:若检测器点火成功,信号窗口就会显示检测器的响应值(实训图 6.3)。

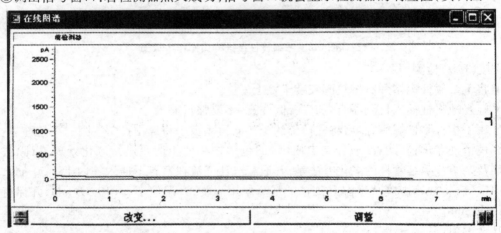

实训图 6.3　检测器点火成功后的信号窗口

　　⑦设置样品信息:在文件菜单"序列"中打开"样品信息"设置窗口,设置操作者、样品名称、数据文件名及数据文件保存路径等,设置后点击"确定"。

　　⑧进样:待信号窗口基线走平后,用 10 μL 微量注射器准确吸取 1 μL 测试样液进样。具体操作步骤如下:

　　a.微量注射器用前洗涤:将微量注射器针头插入试剂(色谱级丙酮),吸取一定量后排放至废液瓶,反复进行 3 次。

　　b.样品润洗:将注射器针头插入测试样液,吸取一定量后排放至废液瓶,反复进行 3 次。

　　c.准确取样:将微量注射器针头插入测试样液,反复抽排几次,再慢慢抽取试样 3~4 μL,如内有气泡,将微量注射器针头朝上,使气泡上升排出,再将过量的试样排出,调整试样量准确至 1 μL,用无棉纤维纸或擦镜纸吸去针头外壁所沾试样。

　　d.进样:取好试样后应立即进样。进样时上时器应与进样口垂直,针头刺穿硅橡胶垫圈,直插到底,紧接着迅速注入试样,完成后立即按主机键盘上"start"键采集式样信号,同时拔出注射器。微量注射器进样操作手势如实训图6.4所示。

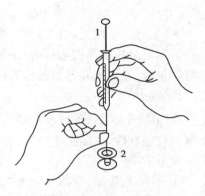

注意:整个进样动作应进行得稳当、连贯迅速,针头在进样口中的位置、插入速度、停留时间和拔出速度等都会影响进样的重现性。

⑨数据采集:分别对苯同系物混合标准品和制备的样品溶液进样1μL,采集数据并保存。

⑩数据处理:在"数据处理"界面,点击文件菜单"调用信号"窗口,调出采集的数据文件。然后进行以下操作:

实训图6.4 微量注射器进样
1—微量注射器;2—进行口

a.图谱优化:要求优化后的信号窗口只显示被测组分的色谱峰,溶剂峰被忽略。

b.优化积分:在"积分事件"窗口,通过设置积分参数(最小峰高、最小峰面积、积分、不积分等)对被测组分的色谱峰进行积分,要求溶剂峰及其他杂峰不被积分。

c.色谱峰定性:利用各单标准品色谱峰的保留时间对混合标准品中的色谱峰进行定性。

d.建立校正表步骤:

• 在文件"报告"菜单中选择"设定报告"窗口,设置定量方式为"外标法",通过"峰面积"定量。

• 调出第1个浓度混合标准品数据文件,进行谱图优化和积分。

• 建立一级校正:在文件"校正"菜单中选择"新建校正表",在显示的窗口,设置校正级别为1,含量为5(μg/mL),点击"确定"即可。显示窗口如实训图6.5所示。

在校正表中输入各色谱峰的化合物名称,点击"确定",完成校正表一级校正。

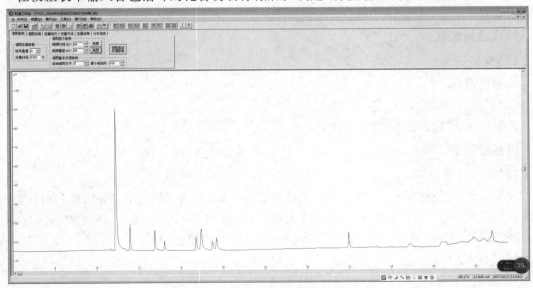

实训图6.5 一级校正后窗口界面

• 建立多级校正表:调出第2个浓度混合标准品数据文件,进行谱图优化和积分,选择"校正"菜单中"添加级别",输入级别 2,含量为 10(μg/mL),点击"确定",完成二级校正。

• 同上法,依次完成校正表三级(20 μg/mL)、四级(40 μg/mL)和五级(80 μg/mL)校正。

⑪出具分析检测报告:调出未知样品数据文件,进行图谱优化和积分,在"报告"菜单中选择打印报告,打印未知样品的检测结果。

（3）关机

样品测试完毕,将进样口温度、炉温和检测器温度降至室温,关闭燃烧气(H_2、空气)阀,退出电脑控制软件,关闭主机电源,关闭电脑,最后关闭载气 N_2 阀。

注意事项:

①进样口、炉温、检测器温度未降至室温前切勿关机。

②在降温过程中要保持载气 N_2 畅通,以保护色谱柱。

③在关闭 GC 主机前退出电脑控制软件。

实训 6.2　气相色谱法维生素 E 及其制剂的含量测定

1) 实验目的

①熟悉气相色谱的操作。

②掌握维生素 E 及其制剂的含量测定。

2) 实验原理

色谱条件包括以硅酮(OV-17)为固定相,涂布浓度为 2%,柱温为 265 ℃。理论板数按维生素 E 峰计算应不低于 500(填充柱)或 5 000(毛细管柱),维生素 E 峰与内标物质峰的分离度应符合要求。

3) 仪器与试剂

（1）仪器

气相色谱仪。

（2）试剂

硅酮(OV-17),正己烷,维生素 E。

4) 实验步骤

（1）校正因子测定

取正三十二烷适量,加正己烷溶解,并稀释成每 1 mL 中含 1.0 mg 的溶液,摇匀,作为内标溶液。另取维生素 E 对照品约 20 mg,精密称定,置棕色具塞锥形瓶中,精密加入内标溶液 10 mL 密塞,摇匀使溶解,取 1~3 μL 注入气相色谱仪,计算校正因子。

$$f = \frac{A_s/m_s}{A_t/m_t}$$

式中　A_s——内标物质的峰面积或峰高;

　　　　A_t——对照品的峰面积或峰高;

m_s——加入内标物质的量,mg;

m_t——加入对照品的量,mg。

（2）测定法

取本品约 20 mg,精密称定,置棕色具塞锥形瓶中,精密加入内标溶液 10 mL,密塞,摇匀使溶解,取 1~3 μL 注入气相色谱仪测定,计算可得。

$$m_x = f \times \frac{A_x}{A_s / m_s}$$

式中　A_x——供试品峰面积或峰高;

m_x——供试品的量,mg。

其实验所测定的维生素 E 的气相色谱的示意如实训图 6.6 所示。

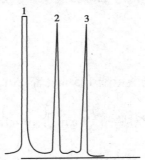

实训图 6.6　维生素 E 的气相色谱图
1—溶剂(正己烷);2—内标(正三十二烷);3—维生素 E

实训 6.3　气相色谱法测定冰片中龙脑的含量

1）实验目的

①熟悉气相色谱仪的使用方法。

②掌握气相色谱法测定挥发性成分含量的方法及原理。

2）实验原理

冰片为龙脑和异龙脑的混合物,具挥发性。因此,本实验采用 GC 法对合成冰片所含龙脑进行测定,并用内标法计算含量。

3）仪器与试剂

（1）仪器

气相色谱仪、FID 检测器、微量进样器、电子天平、容量瓶(10 mL 两个,25mL 1 个)。

（2）试剂

乙酸乙酯(AR)、水杨酸甲酯对照品、龙脑对照品(中国药品生物制品检定所)、合成冰片(市售品)。

4）实验步骤

（1）色谱条件

①色谱柱：弱极性柱 OV-1（30 m×0.53 mm ID×1.0 μm，100%聚二甲基聚硅氧烷）。

②柱温：初始 70 ℃，保持 2 min，以 9 ℃/min 升至 180 ℃，保持 1 min。

③进样口载气温度：200 ℃，不分流。

④前检测器温度：300 ℃。

⑤载气 N_2，柱前压：100 kPa 左右。

⑥H_2：50 kPa。

⑦空气：50 kPa。

⑧理论塔板数：按龙脑峰计算不低于 1%。

⑨分离度：$R>1.5$。

⑩对称因子：$T=0.95\sim1.05$。

（2）实验用溶液的配制

①内标溶液配制：精密称取水杨酸甲酯 125 mg，置 25 mL 量瓶中，加乙酸乙酯至刻度，摇匀，作为内标溶液（$c_{水杨酸甲酯}=5$ μg/μL）。

②对照溶液配制：精密称取龙脑对照品 10 mg，置 10 mL 量瓶中，加内标溶液至刻度，摇匀作为龙脑对照溶液（$c_{龙脑}=1$ μg/μL）。

③样品溶液配制：精密称取合成冰片 50 mg，置 10 mL 量瓶中，加内标溶液使冰片溶解并稀释至刻度，摇匀，作为样品溶液（$c_{冰片}=5$ μg/μL）。

（3）测定

分别吸取上述步骤 2 中的②和③中各溶液 0.2 mL，注入气相色谱仪，进行测定。

（4）计算

计算冰片中龙脑的百分含量（保留 3 位有效数字）。

5）注意事项

①实验前，必须对气相色谱仪整个气路系统进行检漏。如有漏气，及时处理。

②开机前先通气，实验结束，先降温、关机，后关气。

③由于样品中挥发性成分较多，样品干燥时，要注意方法和温度。

思考与练习

一、选择题

1.在气相色谱分析中，用于定性分析的参数是（　　　）。

    A.保留值　　　　　　B.峰面积　　　　　　　　C.分离度　　　　　　　　D.半峰宽

2.在气相色谱分析中，用于定量分析的参数是（　　　）。

    A.保留时间　　　　　B.保留体积　　　　　　　C.半峰宽　　　　　　　　D.峰面积

3.使用热导池检测器时，应选用（　　　）气体作载气，其效果最好。

    A.H_2　　　　　　　B.He　　　　　　　　　　C.Ar　　　　　　　　　　D.N_2

4.在气-液色谱分析中,良好的载体为(　　　)。

　　A.粒度适宜、均匀,表面积大

　　B.表面没有吸附中心和催化中心

　　C.化学惰性、热稳定性好,有一定的机械强度

　　D.以上三者均是

5.热导池检测器是一种(　　　)。

　　A.浓度型检测器

　　B.只对含碳、氢的有机化合物有响应的检测器

　　C.质量型检测器

　　D.只对含硫、磷化合物有响应的检测器

6.使用氢火焰离子化检测器时,应选用(　　　)气体作载气最合适。

　　A.H_2　　　　　　　B.He　　　　　　　C.Ar　　　　　　　D.N_2

7.下列因素中,对气相色谱分离效率最有影响的是(　　　)。

　　A.柱温　　　　　　　B.载气的种类　　　　C.柱压　　　　　　　D.固定液膜厚度

8.气-液色谱中,保留值实际上反映的物质分子间的相互作用力是(　　　)。

　　A.组分和载气　　　　　　　　　　　B.载气和固定液

　　C.组分和固定液　　　　　　　　　　D.组分和载体、固定液

9.如果试样中组分的沸点范围很宽,分离不理想,可采取的措施为(　　　)。

　　A.选择合适的固定相　　　　　　　　B.采用最佳载气线速

　　C.程序升温　　　　　　　　　　　　D.降低柱温

10.衡量色谱柱总分离效能的指标是(　　　)。

　　A.塔板数　　　　　　B.分配系数　　　　　C.分离度　　　　　　D.相对保留值

11.提高柱温会使各组分的分配系数K值(　　　)。

　　A.增大　　　　　　　　　　　　　　B.变小

　　C.视组分性质而增大或变小　　　　　D.呈非线变化

二、简答题

1.简要说明气相色谱分析法的分离原理。

2.气相色谱仪的基本组成包括哪些部分?各有什么作用?

3.什么是色谱图?从一张色谱图上可获得哪些信息?

4.色谱定性的依据是什么?主要有哪些定性方法?

项目 7　高效液相色谱法

任务 7.1　高效液相色谱仪

高效液相色谱仪（HPLC）由溶剂传输系统、进样系统、分离系统、信号检测系统和数据处理系统组成。其中溶剂传输系统中的高压泵、样品分离系统中的色谱柱和信号检测中的检测器是高效液相色谱仪的关键部件，有的仪器还配有梯度洗脱装置、在线真空脱气机、自动进样器、柱温控制器等，现代高效色谱仪都配有微机控制系统，进行自动化仪器和数据处理。高效液相色谱仪外观如图 7.1 所示。制备型高效液相色谱仪还配备有自动馏分收集装置。

高效液相色谱仪的工作流程如图 7.2 所示，由高压泵将贮液瓶的流动相泵出，经在线真空脱气机（仅限低压混合）脱气后，流动相经过进样器并将进样器引入的待测样品带入色谱柱，再将经色谱柱分离后的样品组依次带出色谱柱，经检测器检测后流入废液瓶，检测信号被记录仪记录下来得到色谱图。

7.1.1　溶剂传输系统

溶剂传输系统一般由贮液瓶、脱气装置、高压泵、梯度洗脱装置和连接管路等组成。溶剂传输系统的作用是不断地向仪器提供连续、稳定、精确的流量。

图 7.1 Agilent 高效液相色谱仪

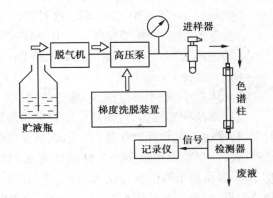

图 7.2 高效液相色谱仪工作流程

1)贮液瓶

用于盛放溶剂即流动相的试剂瓶,见光易分解的流动相应盛放在棕色贮液瓶中。

2)脱气装置

流动相脱气的目的:

①使泵的输液更准确,提高保留时间和峰面积的重现性。

②提高检测器的性能,稳定基线,增加信噪比。

③保护色谱柱,防止填料氧化,减少死体积。

流动相的脱气方式主要有超声波脱气、氦气脱气和在线真空脱气机。图 7.3 为在线真空脱气机的原理示意图。由图可以看出,流动相经高压泵出后流经脱气真空腔,由于真空腔内的输液管为半透膜管(只允许气体透过,液体不能透过),溶液在流动相中的气体如 N_2、O_2 在压力差的作用下,透过半透膜管溢出,达到脱气目的。

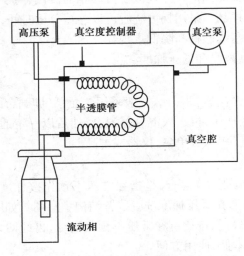

图 7.3 在线真空脱气机原理

3)高压泵

高压泵是高效液相色谱仪的重要部分之一。因此应具备如下性能：

①流量稳定：其 RSD 应<0.5%，这对定性定量的准确性至关重要。

②流量范围宽：分析型应在 0.1~10 mL/min 范围内连续可调，制备型应能达到 100 mL/min。

③输出压力高：一般应能达到 15~30 Pa，压力波动小。

④密封性能好，耐腐蚀。

⑤死体积小，适于梯度洗脱，易于清洗。

高压泵的种类很多，按输液性质可分为恒压泵和恒流泵。恒流泵按结构又可分为螺旋注射泵、柱塞往复泵和隔膜往复泵。恒压泵受柱阻影响，流量不稳定，螺旋泵缸体太大，这两种泵已被淘汰。目前应用最多的是柱塞往复泵，如图 7.4 所示。柱塞往复泵的液缸容积小，可至 0.1 mL，因此易于清洗和更换流动相，特别适合于再循环和梯度洗脱；改变电机转速能方便地调节流量，流量不受柱阻影响；泵压可达 40 MPa。其主要缺点是输出的脉冲性较大。

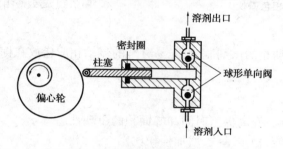

图 7.4　柱塞往复泵结构示意图

4)梯度洗脱装置

梯度洗脱相当于气相色谱的程序升温。HPLC 有等浓度洗脱和梯度洗脱两种：等浓度洗脱是指在同一分析周期内流动相组成保持恒定。适用于组分数目少，性质差别不大的样品分析；梯度洗脱是指在一个分析周期内程序地改变流动相的极性、离子强度等。用于分析组分数目多、性质差异较大的复杂样品。采用梯度洗脱可以缩短分析时间，提高分离度，改善峰形，提高检测灵敏度，但常常引起基线漂移和降低重现性。

梯度洗脱分为高压梯度洗脱和低压梯度洗脱。

（1）高压梯度洗脱

高压梯度洗脱也称泵后(高压)混合。一般采用二元泵(即两台泵)分别按比例(即洗脱程序)将溶剂 A 和溶剂 B 预先加压，再送入混合器混合，然后以一定的流量输出，如图 7.5 所示。其优点是精度高，缺点是需要用两台单泵，仪器成本高。

（2）低压梯度洗脱

低压梯度洗脱也称泵前(低压)混合，是指在常压下预先按梯度洗脱程序将溶剂混合后，再用泵加压输出。图 7.6 为四元低压梯度洗脱装置结构示意图。如图所示，流动相(四相又称四元)经在线真空脱气机脱气后，按比例在常压下预先混合，再经四元泵加压输出。其主要优点是只需要一个单元泵，成本低，使用方便。

两种或两种以上溶剂(流动相)组成的梯度洗脱可按任意比例混合，既有多种洗脱曲线：线性梯度、凹形梯度、凸形梯度和阶梯形梯度。线性梯度最常用，尤其适合于在反相柱上进行

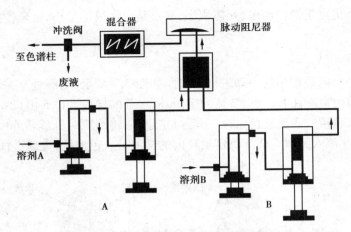

图 7.5　二元泵高压梯度洗脱装置结构示意图

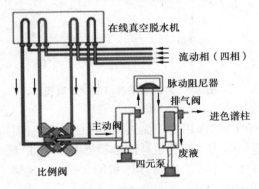

图 7.6　四元低压梯度洗脱装置结构示意图

梯度洗脱。在进行梯度洗脱时,由于多种溶剂混合,而且组成不断变化,因此要注意以下 4 点:

①溶剂的互溶性:不相混溶的溶剂不能用作梯度洗脱的流动相。有些溶剂在一定比例内混溶,超出范围后就互不相溶,使用时更要引起注意。当有机溶液和缓冲液混合时,还可能析出盐的晶体,尤其使用磷酸盐时需特别小心。

②用于梯度洗脱的溶剂需彻底脱气,以防止混合时产生气泡。

③混合溶剂的黏度常随组成变化而变化,表现为柱压的急剧波动。例如甲醇和水黏度都较小,当二者以相近比例混合时黏度增大很多,此时的柱压大约是甲醇或水为流动相时的 2 倍。因此要注意防止梯度洗脱过程中压力超过输液泵或色谱柱能承受的最大压力。

④每次梯度洗脱之后必须对色谱柱进行再相生处理,使其恢复到初始状态。常需用 10 ~ 30 倍柱容积的初始流动相冲洗色谱柱,使固定相与初始流动相达到完全平衡。

7.1.2　进行系统

进行系统要求密封性好,死体积小,重复性小,保证中心进样,进样时对色谱系统的压力、流量影响小。HPLC 常用的进样方式有三种:隔膜进样、六通阀进样和自动进样器进样。

1) 隔膜进样

与 GC 相似,在色谱柱顶端装一耐压隔膜,用 1 ~ 100 μL 微量注射器取一定量样品穿过隔膜注入色谱仪。其优点是操作简单,死体积小,缺点是允许进样量小,重现性差,只能用于低压系统(<100 MPa)。

2)六通阀进样

六通阀进样是目前最常用的手动进样方式。如图 7.7 所示,当阀处于采样(a)状态时,用微量注射器将样液由口 1 注入,经口 2 流入定量环,多余的样液经口 5 由口 6 排出废液。此时流动相从口 4 流入直接口 3 流进色谱柱,不经过定量环;将阀顺时针旋转 60 ℃,进入样品(b)状态时,流动相由 4 流入经口 5、2、3 将定量环内的样液带入色谱柱,完成进样。

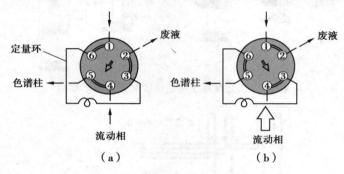

图 7.7　六通阀采样与进样示意图
(a)采样;(b)进样

定量环(一般体积为 20 L)的作用是控制进样体积,更换不同体积的定量环,可调整进样量。由于定量环内充满流动相,为了确保进样的准确度和重复性,通常采用两种方式进样:

①满体积进样:即进样体积不小于定量环体积的 3~4 倍,这样才能完全置换定量环内的流动相,进样量即为定量环体积。

②半体积进样:即进样量不大于定量环体积的 50%,此时样液完全留在定量环内,进样量即为实际体积,但这种方法要求每次进样体积相通且非常准确。

3)自动进样器进样

自动进样器由微机控制,操作者只需将分析的样品按一定次序放在样品架(盘)上,编辑并运行进样程序,自动进样器便自动取样、进样和清洗等动作,适于大批量样品的分析。有的自动进样器可自动进行柱前衍生化。

7.1.3　分离系统

分离是色谱分析的手段和核心,承担分离任务的是色谱柱。HPLC 常用的色谱柱为柱长10~30 cm、内径 4~5 mm、管柱为不锈钢制作、内部充填有固定相的色谱柱,如图 7.8 所示。色谱柱由柱管、压冒、卡套(蜜蜂环)、筛板(滤片)、接头螺丝等组成。色谱柱按用途可分为分析型色谱柱一般内径 2~5 mm(常用 4.6 mm),柱长 10~30 cm;制备型色谱柱一般内径 20~40 mm,柱长 10~30 cm。HPLC 对色谱柱的要求是柱效高、选择性好、分析速度快等。

图 7.8　HPLC 色谱柱

7.1.4　监测系统

检测器是 HPLC 的关键部件之一,其作用是将经色谱柱分离出来的组分的量转变为电信号。目前 HPLC 应用最多的是紫外检测器、荧光检测器和示差检测器。

1) 紫外检测器

紫外检测是 HPLC 中应用最广泛的检测器,当检测波长范围包括可见光时,又称为紫外-可见检测器,适用于对紫外-可见光有吸收的样品检测。其优点是:

①灵敏度高、噪声低、线性范围宽,最低检出浓度达 10^{-12}g/mL。

②对流速和温度均不敏感,可用于梯度洗脱。

③属浓度型检测器,即检测器的响应值与流动相中的组分浓度成正比,服从朗伯-比尔定律。

④不破坏样品,能与其他检测器串联,可用于样品制备。

弱点是只能检测对紫外-可见光有吸收的样品,对无吸收的物质无响应;流动相的选择有一定限制,要求选用的流动相在检测波长处无紫外光吸收。

紫外检测器分为固定波长检测器、可变波长检测器和二极管阵列检测器(或波长扫描检测器)。固定波长检测器常用泵灯的 254 nm 或 280 nm 为测量波长,检测在此波长下有吸收的有机物。可变波长紫外检测器(简称 VWD)实际是一台紫外-可见分光光度计,测量光路如图 7.9 所示。

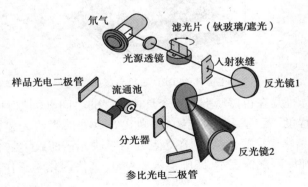

图 7.9　VWD 光路示意图

二极管阵列检测器(简称 DAD)是目前高效液相色谱性能最好的检测器,如图 7.10 所示。它与 VWD 不同之处在于:

①VWD 的检测波长范围为 190~600 nm,DAD 的检测波长范围为 190~900 nm。

②VWD 的样品流通池位于光栅之后,而 DAD 的样品流通池位于光栅之前。

③VWD 的光栅转动(以便切换波长),而 DAD 的光栅固定。

④在某一时刻,VWD 仅可得到某一波长下样品的吸光度值,而 DAD 可以得到样品的吸收光谱。

⑤VWD 必须将各个时刻所得到吸光度值描点作图才能得到所需的色谱图,而 DAD 可以很方便地提取所需检测波长下的色谱图。

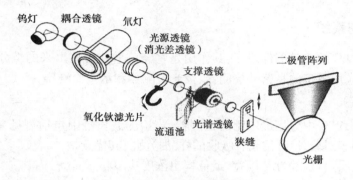

图 7.10　DAD 光路示意图

由于 DAD 采用上千个二极管采集扫描数据,因此,通过 DAD 检测可以得到:

①各波长下的样品色谱图。

②各时刻样品的吸收光谱曲线。

③三维立体色谱图(图 7.11)。

④可进行色谱峰纯度检测(图 7.12)。

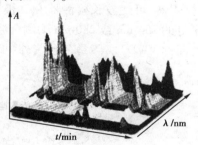

图 7.11　DAD 三维色谱图

色谱峰纯度检测原理是在色谱峰上取 5 个具代表性的时间点(时刻),比较这 5 个时刻的吸收光谱曲线的吻合程度,若色谱峰为纯物质,则在 5 点处的吸收光谱曲线完全吻合,如图 7.12 的 a 峰所示;若色谱峰中含有杂物,则在 5 点处的吸收光谱曲线不吻合,如图 7.12 的 b 峰所示。吻合程度用峰纯度匹配值表示,匹配值大于 960(其值因化学工作站不同而异)一般为纯峰。

2)荧光检测器

荧光检测器(简称 FLD)是一种灵敏度高且选择性好的检测器,它是利用某些有机化合物(如具有对称共轭结构的有机芳香族化合物、生化物质等)在受到一定波长和强度的紫外光

（称为激发光）照射后,发射出较激发光波长长的荧光进行检测,荧光的强度与激发光强度、量子效率以及化合物浓度成正比,如图 7.13 所示,有光源(氘灯或卤钨灯)产生 250 nm 以上强连续光谱,经透镜和激发光滤光片选择特定波长的激发光,通过样品流通池,样品受激发后向四周发射荧光,为避免激发光干扰,取与激发光成直角方向的荧光进行检测。

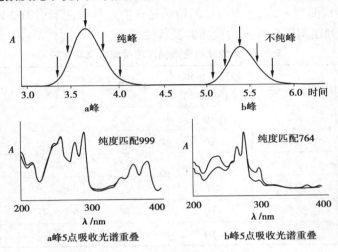

图 7.12　DVD 峰纯度检测

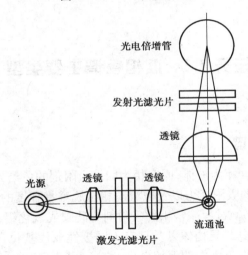

图 7.13　荧光检测器光谱图

荧光检测器的最大优点是灵敏度高,比紫外检测器高出 1~3 个数量级,达 10^{-13} g/mL;选择性好,某些物质虽本身不发出荧光,但经化学衍生化技术生成荧光衍生物,再进行检测;样品用量少,可用于梯度洗脱。特别适用于痕量分析,在环境监测、药物分析、生化分析中有着广泛的用途。

3) 示差检测器

示差检测器(简称 RID)是一种通用型检测器,它是基于连续测定柱后流出液折光率变化来测定样品的浓度。溶液的折光率是纯溶剂(流动相)和纯溶质(待测组分)的折光率乘以各物质的浓度之和。溶有组分的流动相和纯流动相之间折光率之差,表示组分在流动相中的浓度。因此,只要组分折光率与流动相折光率不同,就能进行检测。无紫外吸收、不发射荧光的物质,如糖类、脂肪烷烃类等都能检测。

示差检测器的灵敏度低于紫外检测器,检出限位 $10^{-7} g/mL$。因液体折光率随温度、压力变化,所以 RID 应在恒温恒流下操作。该检测器不能用于梯度洗脱。

除上述介绍的检测器外,用于 HPLC 的检测器还有红外检测器(IRD)、电导检测器和质谱检测器等。表 7.1 列出 HPLC 常见的检测器及其性能。

表 7.1　高效液相色谱常见的检测器及其性能

检测器	类　型	最高灵敏度/ $(g \cdot mL^{-1})$	温度影响	流速影响	梯度洗脱
紫外(VWD)	选择	5×10^{-10}	低	无	可以
荧光(FLD)	选择	5×10^{-12}	低	无	可以
示差(RID)	通用	5×10^{-7}	有	有	不可
红外(IRD)	选择	$\sim 10^{-7}$	低	无	可以
电导	选择	$\sim 10^{-9}$	有	有	不可
质谱	通用	$\sim 10^{-8}$	无	无	可以

任务 7.2　液相色谱主要类型

7.2.1　液-固吸附色谱

液-固吸附色谱是指流动相为液体,固定相为固体吸附剂的色谱方法。分离的实质是利用组分在吸附剂(固定相)上的吸附能力以及被流动相洗脱难易程度的不同而获得分离,分离过程是一个吸附与解吸附的平衡过程。常用的吸附剂为硅胶或氧化铝,粒度 $5 \sim 10~\mu m$。适用于非离子型化合物的分离,尤其是异构体以及具有不同极性取代基化合物间的分离。具有不同官能团的化合物在液-固吸附色谱中的保留顺序:烷基<卤素(F<Cl<Br<I)<醚<硝基化合物<腈<叔胺<酯<酮<醛<醇<酚<伯胺<酰胺<羧胺<碳胺。

7.2.2　液-液分配色谱

液-液分配色谱即指流动相和固定相均为液体,固定相被涂渍在惰性担体表面。分离原理与液-液萃取相似,是根据被分离组分在流动相和固定相中的溶解度不同,即分配系数不同而实现分离,分离过程是一个反复分配平衡的过程。液-液分配色谱按固定相和流动相的极性不同,分为正相色谱(NPC)和反相色谱(RPC)。

1) 正相色谱

固定相的极性大于流动相的极性称为正相色谱。用于分离中等极性和极性较强的化合物,如酚类、胺类、羰基类及氨基酸类等。

2) 反相色谱

固定相的极性小于流动相的极性称为反相色谱。用于分离非极性和弱极性化合物。如烷烃、芳烃、稠环化合物等。RPC 在现代液相色谱中应用最为广泛,约占 HPLC 应用的 80%。

7.2.3 离子交换色谱

离子交换色谱的固定相为带电荷基团的离子交换树脂或离子交换键合相。分离原理是离子交换树脂上可电离的离子与流动相中具有相同电荷的离子及待测组分的离子进行可逆交换,根据各离子与离子交换基团具有不同的电荷吸引力而分离。固定相基团带正电荷的时候,其与流动相或样品组分交换的离子为阴离子;固定相基团带负电荷的时候,其交换的离子为阳离子。离子交换色谱主要用于可电离化合物的分离,例如氨基酸的分离、多肽的分离、核苷酸、核苷和各种碱基的分离等。

7.2.4 凝胶渗透色谱

凝胶渗透色谱(又称体积排阻色谱)是利用分子筛对分子质量大小不同的各组分排阻能力的差异而实现分离。固定相为带有一定孔径的多孔性凝胶,流动相为可以溶解样品的溶剂。分离原理是样品中分子质量小的组分可以进入空穴,即受固定相的排阻力大,在柱中滞留时间长;相反分子质量大的组分因不能进入空穴而直接随流动相流出。常用于分离高分子化合物,如组织提取物、多肽、蛋白质、核酸等。

任务 7.3 高效液相色谱法的固定相和流动相

与气相色谱相比,高效液色相谱中的固定相和流动相对样品组分的分离都起着至关重要的作用。选择合适的固定相和流动相是完成液相色谱分析的最关键因素,不同类型的液相色谱所选用的固定相和流动相是不相同的,现分述如下。

7.3.1 液-固吸附色谱的固定相和流动相

1) 固定相

液-固吸附色谱的固定相为固体吸附剂。常用的有硅胶、氧化铝、分子筛和活性炭等全多孔型或薄壳型固体吸附剂,目前应用较多的是直径为 5~10 μm 的全多孔型硅胶微粒,其特点是颗粒小,传质距离短,柱效高。

2)流动相

液-固吸附色谱中的流动相常称为洗脱剂,它的选择比固定相更为重要。对不同极性的样品应选择不同极性的洗脱剂,极性大的样品用极性大的洗脱剂,极性小的样品用极性小的洗脱剂。流动相的极性强度常用洗脱剂的强度参数 ε° 越大,表示洗脱剂的极性也越大。表7.2列出以氧化铝为固定相时,一些常用洗脱剂洗脱能力序列。

表7.2 以氧化铝为固定相常用洗脱剂的洗脱能力序列

溶 剂	ε°	溶 剂	ε°	溶 剂	ε°
氟代烷烃	−0.25	甲苯	0.29	乙酸乙酯	0.58
正戊烷	0.00	苯	0.32	乙腈	0.65
异辛烷	0.01	氯仿	0.42	吡啶	0.71
正庚烷	0.04	二氯甲烷	0.42	二甲亚砜	0.75
环己烷	0.04	二氯乙烷	0.44	异丙醇	0.82
四氯化碳	0.18	四氢呋喃	0.45	乙醇	0.88
二甲苯	0.26	丙酮	0.56	甲醇	0.95

在液-固吸附色谱中,经常选择二元混合溶剂作为流动相。一般以一种极性强的溶剂和一种极性弱的溶剂按一定比例混合来获得所需极性的流动相。

7.3.2 液-液分配色谱的固定相和流动相

1)固定相

液-液分配色谱的固定相由两部分组成,一部分是惰性载体,另一部分是涂渍在载体上的固定液。固定液的选择应遵循:极性样品选择极性固定液,非极性样品选择非极性固定液。液-液分配色谱常用的固定液有强极性 β,β-氧二丙腈、中等极性聚乙二醇和非极性角鲨烷等,这些固定液具有分离重现性好、样品容量大、分离样品范围广等优点。缺点是固定液易被流动相洗脱而导致柱效能下降,目前已被化学键合相所代替。

化学键合相是借助于化学反应将有机分子通过化学键的形式结合到载体表面。目前应用最多的载体是硅胶,根据与硅胶表面的硅醇基($\equiv$Si—OH)键合反应不同,键合固定相分为硅氧碳键型($\equiv$Si—O—C)、硅氧硅碳键型($\equiv$Si—O—Si—C)、硅碳键型($\equiv$Si—C)以及硅氮键型($\equiv$Si—N)。在硅胶表面利用硅烷化得到 $\equiv$Si—O—Si—C 键型(C_{18}烷基建合相)的反应为如图7.14所示。

化学键合相具有以下特点:

①固定相不易流失,柱的稳定性和寿命较高。

②能耐各种溶剂冲洗,可用于梯度洗脱。

③表面较为均一,没有液坑,传质快,柱效高。

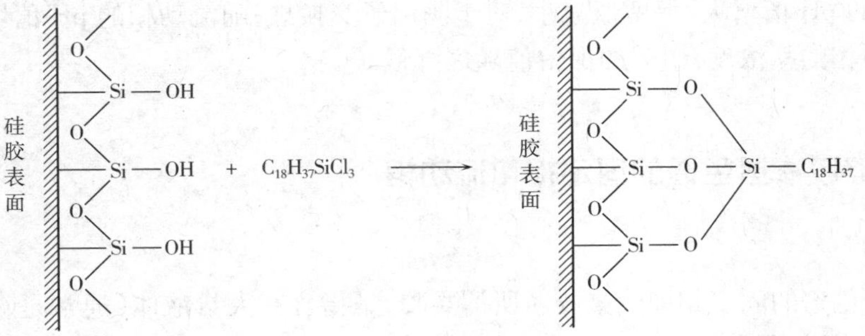

图 7.14 硅胶表面的硅烷化反应

④能键合不同基团以满足分离选择性的需要,因而应用非常广泛。例如键合氰基、氨基等极性基团用于正相色谱;键合离子交换基团用于离子交换色谱;键合 C_2,C_4,C_6,C_8,C_{18}烷基和苯基等非极性基团用于反相色谱等。

2)流动相

液-液分配色谱使用溶剂作流动相。溶剂洗脱组分的能力与溶剂的极性有关,溶剂极性增大,洗脱强度增大。常用溶剂的极性大小顺序为:水>甲酰胺>乙腈>甲醇>乙醇>丙醇>丙酮>二氧六环>四氢呋喃>正丁醇>乙酸乙酯>乙醚>异丙醚>二氯甲烷>氯仿>溴乙烷>苯>四氯化碳>二硫化碳>环己烷>己烷>煤油。

在正相色谱中,洗脱剂采用低极性的溶剂如正己烷、苯、氯仿等,根据样品组分的性质,常选择极性较强的溶剂如醚、酯、酮、醇、酸等作调节剂;在反相色谱中,常以水为流动相的主体,加入不同配比的有机溶剂如甲醇、乙腈、二氧六环、四氢呋喃等作调节剂。

在正相分配色谱中,固定相载体上涂渍的是极性固定液,流动相是非极性溶剂。它用来分离极性较强的水溶性样品,组分中非极性组分先洗脱出来,极性组分后洗脱出来;在反相分配色谱中,固定相载体上涂渍的是极性较弱或非极性固定液,流动相是极性较强的溶剂,用于分离油溶性样品,其洗脱顺序是极性组分先被洗脱,非极性组分后被洗脱。

7.3.3 离子交换色谱的固定相和流动相

1)固定相

离子交换色谱的固定相有两种类型:

①离子交换树脂:即以薄壳玻璃珠作为担体,在其表面涂渍约 1%的离子交换树脂。

②离子交换键合相:是以薄壳型或全多孔微粒硅胶为载体,表面经化学反应键合上各种离子交换基团。若键合上磺酸基(—SO_3H 强酸性)、羧基(—COOH 弱酸性)就是阳离子交换树脂;若键合上季铵基(—NR_3Cl 强碱性)或胺基(—NH_2 弱碱性)就是阴离子交换树脂。

2)流动相

离子交换色谱主要在含水介质中进行,缓冲液常用作离子交换色谱的流动相。组分的保留值除跟组分离子与树脂上的离子交换基团作用强弱有关外,还受流动相的 pH 值和离子强度的影响。pH 值可改变化合物的解离程度,进而影响其与固定相的作用力,对于阳离子交换柱,随流动相的 pH 值增大,保留值减小;对于阴离子交换柱,随流动相的 pH 值增大,保留值增大。增加流动相的盐浓度,组分的保留值随之降低。

7.3.4 凝胶渗透色谱的固定相和流动相

1)固定相

凝胶渗透色谱的固定相即为凝胶。所谓凝胶,是指含有大量液体(通常是水)的柔软并富有弹性的物质,是一种经过交联而具有立体多孔网状结构的多聚体。分为软质、半硬质和硬质3 种类型。

①软质凝胶:如葡聚糖凝胶、琼脂糖凝胶等。具有较小的交联结构,属均匀凝胶。此类凝胶不适于高柱压和大流速洗脱。

②半硬质凝胶:如苯乙烯-二乙烯苯交联共聚凝胶,是目前应用最多的凝胶。特点是能耐较高压力,适用于非极性有机溶剂,但不适于丙酮、乙醇等极性溶剂。

③硬质凝胶:如多孔硅胶、多孔玻璃微球等。此类凝胶化学惰性、稳定性及机械强度均好,耐高温,使用寿命长,流动相性质影响小,可在较高流速下使用。

2)流动相

凝胶渗透色谱所用的流动相,其性质应与凝胶相似,以便浸润凝胶并防止其吸附作用的产生。对于软质凝胶,所选流动相必须能溶胀凝胶;对于一些扩散系数相当低的大分子而言,流动相溶剂自身的黏度大小也是十分重要的因素,黏度过高将使扩散作用受到一定制约,从而影响分辨率。一般地,分离分子有机化合物,主要采用四氢呋喃、甲苯、间甲苯酚、N,N-二甲苯酰胺等作流动相;分离生物样品则主要采用水、盐缓冲溶液、乙醇以及丙酮等作流动相。

任务 7.4 高效液相色谱法的应用

高效液相色谱具有高分辨率、高灵敏度、分析速度快等优点。适于分析沸点高、分子质量大、热稳定性差的物质及生物活性物质,广泛应用于石油化工、食品分析、生物化学、药物研究、环境监测等领域。

7.4.1 在石油化工领域中的应用

在石油化工生产中使用的具有较高分子质量和较高沸点的有机化合物,如高碳数脂肪族或芳香族的醇、醛、酮、醚、酸、酯等化工原料,各种表面活性剂和染料等,都可使用高效液相色谱法进行分析。图 7.15 为用正相 HPLC 法分析芳基取代醇的分离色谱图。

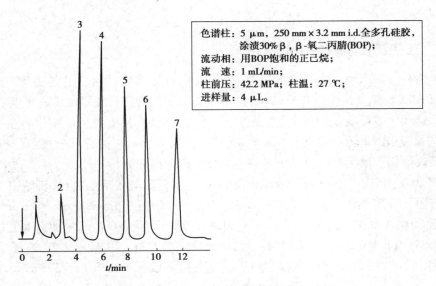

色谱柱：5 μm，250 mm×3.2 mm i.d.全多孔硅胶，涂渍30%β，β-氧二丙腈(BOP)；
流动相：用BOP饱和的正己烷；
流　速：1 mL/min；
柱前压：42.2 MPa；柱温：27 ℃；
进样量：4 μL。

图 7.15　正相 HPLC 法分析芳基取代醇色谱图

1、2—杂质；3—2-苯基-1-丙醇；4—2,6-二甲基苯酚；
5—1-苯基-1-乙醇；6—3-苯基-1-丙醇；7—2-苯基-1-乙醇

7.4.2　在食品分析中的应用

食品是人类生活的必需品。HPLC 法广泛应用于食品中的各种营养成分、食品添加剂、防腐剂以及食品中的化学污染物（如农药残留、激素等）的分析检测，其中很多检测方法已被列为国家检测标准。图 7.16 为反相 HPLC 法分析食品中的 9 种抗氧化剂色谱图。

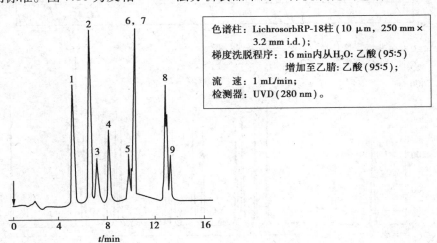

色谱柱：LichrosorbRP-18柱（10 μm，250 mm×3.2 mm i.d.）；
梯度洗脱程序：16 min内从H₂O: 乙酸（95:5）增加至乙腈:乙酸（95:5）；
流　速：1 mL/min；
检测器：UVD（280 nm）。

图 7.16　反相 HPLC 法分析食品中抗氧化剂色谱图

1—棓酸丙酯；2—2,4,5-三羟基苯丁酮；3—3-叔丁基对苯二酚；4—去甲二氢愈创木酸；
5—叔丁基对羟基苯甲醚；6—2-叔丁基-4-羟甲基苯酚；7—棓酸辛酯；8—棓酸十二酯；9—二叔丁基对甲酚

7.4.3 在生物化学领域中的应用

随着生命科学和生物工程技术的迅速发展,人们对氨基酸、多肽、蛋白质及核苷酸、核酸[核糖核酸(RNA)、脱氧核糖核苷酸(DNA)]等生物分子的研究日益增加。这些生物活性物质是人类生命延续中不可缺少的成分,也是生物化学、生化制药、生物工程中进行蛋白质纯化、DNA重组与修复、RNA转录等技术中的重要研究对象,因此对它们进行分离与分析就显得非常重要。高效液相色谱法广泛应用于多种生物分子的分离和分析。

图7.17为反相HPIC法分析邻苯二甲醛(OPA)与9-芴基羰基酰氯(FMOC-C1)衍生混合氨基酸色谱图。分离操作条件:色谱柱:Hypersil-ODS C_{18}柱(5 μm,200 mm×4.6 mm i.d.);柱温:40 ℃;流动相A:0.02 mol/L醋酸钠[pH(7.20±0.05)]溶液1 000 mL+180 μL三乙胺+3 mL四氢呋喃;流动相B:0.02 mol/L醋酸钠[(7.2±0.025)]:乙腈:甲醇=1:2:2;梯度洗脱程序见表7.3;检测器:二极管阵列检测器(DAD),可变检测波长0~20 min 338 nm、20~25 min 262 nm。

表7.3　氨基酸的梯度洗脱程序

时间 t/min	流动相 B/%	流速 V/(mL·min^{-1})
0	0	0.45
17.00	60	0.45
18.10	100	0.45
18.50	100	0.80
23.90	100	0.80
24.00	100	0.45
25.00	0	0.45

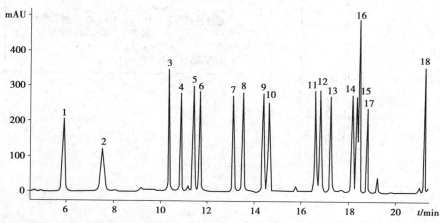

图7.17　反相HPLC法分析OPA与FMOC-Cl衍生混合标准氨基酸色谱图

1—天冬氨酸(Asp);2—谷氨酸(Glu);3—丝氨酸(Ser);4—组氨酸(His);5—甘氨酸(Gly);
6—苏氨酸(Thr);7—丙氨酸(Ala);8—精氨酸(Arg);9—酪氨酸(Tyr);10—胱氨酸(Cys-cys);
11—缬氨酸(Val);12—蛋氨酸(Met);13—正缬氨酸(Nval 内标);14—苯丙氨酸(Phe);
15—异亮氨酸(Ile);16—赖氨酸(Lys);17—亮氨酸(Leu);18—脯氨酸(Pro)

7.4.4　在药物分析中的应用

　　人工合成药物的纯化及成分的定性定量分析,中草药有效成分的分离、制备及纯度测定,临床医药研究中人体血液和体液中药物浓度、药物代谢产物的测定,新型高效手性药物中手性对映体含量的测定等,都需要用高效液相色谱的不同测定方法予以解决,高效液相色谱法已成为药物分析与研究的有力工具,图 7.18 为磺胺类药物反相 HPLC 分析色谱图。

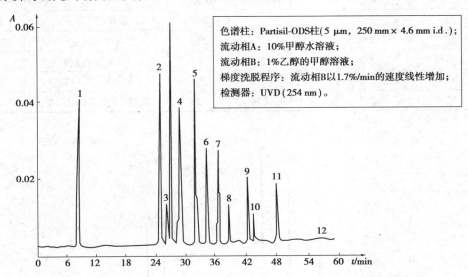

色谱柱: Partisil-ODS柱(5 μm, 250 mm× 4.6 mm i.d.);
流动相A: 10%甲醇水溶液;
流动相B: 1%乙醇的甲醇溶液;
梯度洗脱程序: 流动相B以1.7%/min的速度线性增加;
检测器: UVD(254 nm)。

图 7.18　反相 HPLC 分析磺胺类药物色谱图

1—磺胺;2—磺胺嘧啶;3—磺胺吡啶;4—磺胺甲基嘧啶;5—磺胺二甲基嘧啶;6—磺胺氯哒嗪;7—磺胺二甲基异噁唑;8—磺胺乙氧哒嗪;9—4-磺胺-2,6 二甲氧嘧啶;10—磺胺溴甲吖嗪;11—磺胺溴甲吖嗪;12—磺胺呱

7.4.5　在环境监测中的应用

　　高效液相色谱法适于分析环境中存在的分子质量大、挥发性低,热稳定性差的有机污染物,如大气、水、土壤和农产品中存在的多环芳烃、多氯联苯、有机氯农药、有机磷农药、氨基甲酸酯农药、除草剂、酚类、胺类、黄曲霉素、亚硝胺等。

　　多环芳烃(PAHs)是因有机燃料未完全燃烧而产生可致癌有毒物质,主要存在于工业和民用排烟烟雾中,也存在于矿物燃料、柴油燃料、沥青及煤焦油中,是环境监测中的重要监测对象。图 7.19 为反相 HPLC 法分析多环芳烃色谱图。分离操作条件:色谱柱:VydacC$_{18}$柱(5 μm,250 mm×2.1 mm i.d.);流动相:乙腈-水(体积比40∶60);梯度洗脱程序见表7.4;检测器:二极管阵列检测器(DAD),使用可变波长检测,不同多环芳烃对应最大吸收波长见表7.5。流量:0.42 mL/min。

表 7.4 多环芳烃的梯度洗脱程序

时间/min	0	2.5	12	20	22.5	25
乙腈/%	60	60	90	100	100	60
水/%	40	40	10	0	0	40

表 7.5 多环芳烃对应的最大吸收波长 λ_{max}

名　称	λ_{max}	名　称	λ_{max}	名　称	λ_{max}
萘	219	荧蒽	232	苯并[k]荧蒽	240
苊	228	芘	238	苯并[a]芘	295
二氢苊	225	苯并[a]蒽	287	苯并[a,h]蒽	296
芴	210	䓛	267	苯并[g,h,i]苝	210
蒽	251	苯并[b]荧蒽	258	茚[1,2,3,-cd]芘	251

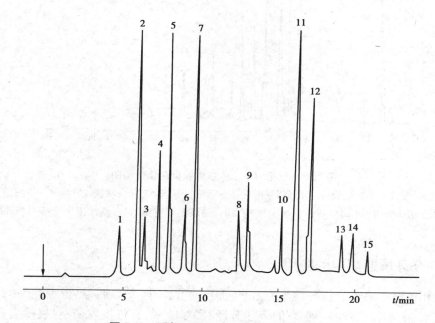

图 7.19 反相 HPLC 法分析多环芳烃色谱图

1—萘;2—苊;3—芴;4—菲;5—蒽;6—荧蒽;7—芘;8—苯并[a]蒽;9—䓛;10—苯并[b]荧蒽;
11—苯并[k]荧蒽;12—苯并[a]芘;13—苯并[a,h]蒽;14—苯并[g,h,i]苝;15—茚[1,2,3-cd]芘

实训 7.1 HPLC 法测定饲料中磺胺类药物的含量

1)实验目的

①熟悉高效液相色谱仪的使用操作。

②了解 HPLC 法测定饲料中磺胺类药物含量的原理和方法。

2) 实验原理

样品经乙酸乙酯提取、氨基柱净化后,洗脱液经 0.45 μm 滤膜过滤后,用反相 HPLC 分离,根据标准品的保留时间定性,外标法定量。

3) 仪器与试剂

(1) 仪器

高效液相色谱仪(具紫外检测器),涡旋振荡器,旋转蒸发仪,超声波清洗机。离心机(4 000 r/min),氨基固相萃取柱(500 mg/3 mL),超纯水机,针头过滤器(配 0.45 μm 有机微孔滤膜)。

(2) 试剂

①乙酸乙酯:分析纯。

②正己烷:分析纯。

③冰乙酸:优级纯。

④乙腈:色谱纯。

⑤甲醇:色谱纯。

⑥洗脱液:A 液∶B 液 = 1∶2,A 液为甲醇乙腈等体积混合液,B 液为 0.1%的乙酸溶液。

⑦磺胺类药物标准品:磺胺嘧啶、磺胺吡啶、磺胺二甲基嘧啶、磺胺对甲氧哒嗪、磺胺甲基异噁唑和磺胺间甲氧嘧啶,纯度均≥97%。

⑧单标储备液:准确称取各磺胺药物标准品 100 mg(精确至 0.000 1 g),分别置于 100 mL 棕色容量瓶中,加甲醇超声使之完全溶解,并定容至刻度,摇匀。配成质量浓度为 1.0 mg/mL 的单标储备液,于-18 ℃冰箱保存。

⑨混合标准使用液:分别准确吸取上述磺胺药物单标储备液适量,于 50 mL 容量瓶中,用甲醇定容,配成各单标浓度为 0.5,2.0,4.0,8.0,16.0 μg/mL 的混合系列标准使用液,临用前配制。

4) 实验步骤

(1) 样品预处理

①提取。称取 2 g(精确至 0.001 g)试样于 50 mL 具塞离心管中,加入乙酸乙酯 15 mL,旋涡振荡混匀,30 ℃水浴中超声提取 3 min,中间取出摇动 1 次,然后以 4 000 r/min 离心 3 min,静置,将上清液转移至另一管中,重复提取残渣 2 次,合并上清液,将上清液于 40 ℃旋转蒸发至近干,加入 3 mL 乙酸乙酯,充分摇匀溶解残渣。

②净化。将上述溶解液通过已经用 5 mL 正己烷和 5 mL 乙酸乙酯淋过的氨基固相萃取柱。上样后,首先用 5 mL 正己烷淋洗以去除杂质,减压抽干 10 min,然后用 2 mL 洗脱液洗脱,收集洗脱液并尽可能抽干小柱。洗脱液过的 0.45 μm 有机滤膜过滤,供 HPLC 分析。

(2) 液相色谱操作条件

①色谱柱:YWG-C$_{18}$柱,5 μm,250 mm×4.6mm i.d.。

②流动相:A 相:甲醇∶乙腈 = 1∶1;B 相:0.1%乙酸溶液。

③流速:1.0 mL/min。

④进样体积:20 μL。

⑤检测器:紫外检测器,270 nm。

（3）HPLC 测定

①混合系列标准使用液的测定:按液相色谱操作条件建立分析方法,待仪器稳定(基线平稳)后,对混合系列标准使用液由低到高浓度进样采集数据。磺胺类药物混合标准品色谱图如实训图 7.1 所示。

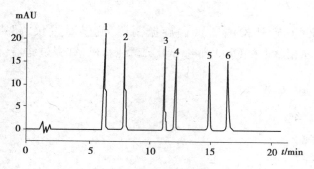

实训图 7.1　磺胺类药物混合标准品色谱图
1—磺胺嘧啶;2—磺胺吡啶;3—磺胺二甲基嘧啶;
4—磺胺对甲氧哒嗪;5—磺胺甲基异噁唑;6—磺胺间甲氧嘧啶

②样品测定:与测定标准品相同的色谱条件,待仪器稳定后。对预处理好的样品溶液进样采集数据。

③色谱峰定性:根据组分在色谱图上的出峰时间与标准组分比较定性。

5）数据处理

利用色谱化学工作站对采集的色谱图进行积分求面积(或峰高),以浓度为横坐标,峰面积(或峰高)为纵坐标建立标准系列工作向线,也可按实训表 7.1 记录组分的保留时间、峰面积(或峰高)。手工绘制(或用 Excel)标准工作曲线。

实训表 7.1　饲料中磺胺类药物分析数据记录表

峰　号	1	2	3	4	5	6
组　分						
保留时间 t_R						
0.5 μg/mL						
2.0 μg/mL						
4.0 μg/mL						
8.0 μg/mL						
16.0 μg/mL						
样　品						

6）结果计算

根据测得的样品峰面积或峰高,在工作曲线上查出对应的被测组分的浓度,按下式计算样品中被测组分的含量：

$$X = \frac{cV}{m}$$

式中　　X——样品中被测组分的含量，mg/kg；

　　　　c——从标准工作曲线中查得的样品溶液中被测组分的浓度，$\mu g/mL$；

　　　　V——试样溶液的体积，mL；

　　　　m——样品质量，g。

实训7.2　外标法测定叶酸片中叶酸的含量

1)实验目的

①熟悉高效液相色谱仪的操作与使用。

②掌握用外标对比法测定药物含量的实验步骤和结果计算方法。

2)实验原理

①外标对比法的计算公式为：

$$f = \frac{A_{对照}}{c_{对照}}$$

$$c_{样品} = \frac{A_{样品}}{f}$$

②叶酸是人体必需的一种物质，它能促进胎儿脑神经的发育，也能防止人体贫血。叶酸片是药物制剂，除了主成分外，还含有大量的淀粉、糊精等辅料，测定前需对样品进行处理。

3)仪器与试剂

（1）仪器

高效液相色谱仪。

（2）试剂

叶酸片，0.5%氨水，磷酸二氢钠缓冲液：甲醇（80∶20）。

4)实验步骤

（1）实验条件

色谱柱：C_{18}色谱柱（5 μm；4.6 mm×250 m）；流动相：磷酸二氢钠缓冲液：甲醇（80∶20）。流速：1.0 mL/min。

（2）实验步骤

①对照品溶液的配制：称取 0.01 g 叶酸对照品，置于 50 mL 量瓶中，加 30 mL 0.5%的氨水溶解，纯水定容至刻度。

②样品溶液的配制：取叶酸片 40 片，精确称量，研磨至均匀，精密称取 2 片质量的叶酸粉末于 50 mL 量瓶中，加入 30 mL 0.5%氨水，热水浴振摇 20 min，冷却后纯水定容至刻度，摇匀，

过滤。

③进样分析:用微量注射器吸取对照品溶液,进样 20 μL,记录色谱图,重复 3 次。以同样的方法分析样品溶液。

5)数据处理

(1)数据记录

对照表和样品的数据可采用实训表 7.2 的表格进行记录。

实训表 7.2　对照品和样品记录格式

	对照品溶液		样品溶液
	A_i	c_i	A_i
1			
2			
3			
平均值			

(2)结果计算

按下式计算样品中叶酸的含量

$$w(\text{叶酸}) = A_{i\text{样品}} \times \left(\frac{c_i}{A_i}\right)_{\text{对照}} \times \frac{V_{\text{样品}}}{m_{\text{样品}}} \times 100\%$$

6)注意事项

①尽量使配制的对照品溶液的浓度与样品中组分的浓度相近。

②实验中可通过选择适当长度的色谱柱,调整流动相中水相和有机相的比例控制出峰时间。

实训 7.3　内标对比法测定扑热息痛原料药中对乙酰氨基酚的含量

1)实训目的

①熟悉高效液相色谱仪的操作使用方法。

②掌握用内标对比法测定药物含量的实验步骤和结果计算方法。

2)实验原理

①扑热息痛即对乙酰氨基酚,其稀碱溶液在(257±1)nm 波长处有最大吸收,可用于定量测定。在扑热息痛原料药的生产过程中有可能引入对氨基酚等中间体,这些杂质也在紫外有吸收,若用分光光度法测定其含量,杂质会影响测量结果的准确性。因此,采用具有分离能力的高效液相色谱法测定其含量更为合适。

②内标法是高效液相色谱法中最常用的定量分析方法。内标对比法是内标法的一种。

③实验方法:分别配制含有相同量内标物的对照品溶液和样品溶液,分别注入高效液相色谱仪,测得对照品溶液中的组分 i 和内标物 s 的峰面积 $A_{i对照}$ 和 $A_{s对照}$,以及样品溶液中待测组分和内标物 s 的峰面积 $A_{i样品}$ 和 $A_{s样品}$,按下式计算样品溶液中待测组分的质量。

$$m_{i样品} = \frac{m_{i对照} \times \dfrac{A_{i样品}}{A_{s样品}}}{\dfrac{A_{i对照}}{A_{s对照}}}$$

3) 仪器与试剂

（1）仪器

高效液相色谱仪。

（2）试剂

乙酰氨基酚,甲醇：水（60：40,V/V）,咖啡因。

4) 实验步骤

（1）实验条件

色谱柱：C_{18}（ODS）柱（15 mm×4.6 mm,5 μm）；流动相：甲醇：水（60：40,V/V）；流量：1.0 mL/min；柱温：室温；检测波长：UV257 nm；内标物：咖啡因。

（2）实验操作

①对照品溶液的配制：称取对乙酰氨基酚对照品约 50 mg、咖啡因对照品 50 mg,置于 100 mL 容量瓶中,加甲醇适量,振摇,使溶解,并稀释至刻度,摇匀;精密量取 1 mL,置 50 mL 容量瓶中,用流动相稀释至刻度,过 0.45 μm 的微孔滤膜,取滤液即得。

②样品溶液的配制：称取扑热息痛样品 50 mg、咖啡因对照品 50 mg,置 100 mL 容量瓶中,加甲醇适量,振摇,使溶解,并稀释至刻度（V_1）,摇匀;精密量取 1 mL,置 50 mL 容量瓶中,用流动相稀释至刻度（V_2）,过 0.45 μm 的微孔滤膜,取滤液即得。

③进样分析：用微量注射器吸取对照品溶液,进样 20 μL（$V_{i对照}$）,记录色谱图,重复 3 次。以同样的方法分析样品溶液。

5) 数据处理

（1）数据记录

对照品和样品的数据记录见实训表 7.3。

实训表 7.3 对照品和样品数据记录表

	对照品溶液			样品溶液		
	A_i	A_s	A_i/A_s	A_i	A_s	A_i/A_s
1						
2						
3						
平均值						

（2）计算结果

由公式计算样品中扑热息痛的含量。

$$w(扑热息痛)=(m_{i样品}/m_{样品})\times100\%=(m_{i样品}/m_{样品})\times(A_i/A_s)_{样品}/(A_i/A_s)_{对照}\times100\%$$

6）注意事项

①样品溶液和对照品溶液中的内标物浓度相同。

②实验中可通过选择适当长度的色谱柱,调整流动相中甲醇和水的比例或流速,以达要求。

 思考与练习

一、选择题

1.在液相色谱定量分析中,不要求混合物中每一个组分都出峰的定量方式是（　　）。

    A.外标法　　　　　　　　B.内标法　　　　　　　　C.归一化法　　　　　　D.面积百分比法

2.在液相色谱中,提高柱效能最有效的途径是（　　）。

    A.提高柱温　　　　　　　　　　　　　　B.降低流动相流速

    C.减小填料粒度　　　　　　　　　　　　D.增加柱长度

3.用 ODS 柱分离人工合成混合色素时,以 0.02 m/L 乙酸铵-甲醇为流动相,若想使某一色素尽快出峰,较好的方法是（　　）。

    A.增加流动相中乙酸铵的比例　　　　　　B.增加流动相中甲醇的比例

    C.增加流动相流速　　　　　　　　　　　D.提高进样量

4.关于高效液相色谱流动相的叙述正确的是（　　）。

    A.靠重力驱动　　　　　　　　　　　　　B.靠钢瓶压力驱动

    C.靠输液泵压力驱动　　　　　　　　　　D.靠虹吸驱动

5.高效液相色谱和经典液相色谱的主要区别是（　　）。

    A.高温　　　　　　　　　B.高效　　　　　　　　C.柱短　　　　　　　　D.上样量

6.高效液相色谱中不适用于梯度洗脱的检测器是（　　）。

    A.紫外检测器　　　　　　　　　　　　　B.示差检测器

    C.蒸发散射光检测器　　　　　　　　　　D.质谱检测器

7.HPLC 中色谱柱常采用（　　）。

    A.直型柱　　　　　　　　B.螺旋柱　　　　　　　C.U 形柱　　　　　　　D.玻璃螺旋柱

8.高效液相色谱仪组成不包括（　　）。

    A.气化室　　　　　　　　B.高压输液泵　　　　　C.检测器　　　　　　　D.进样装置

9.高效液相色谱法的分离效能比经典液相色谱法高,主要原因是（　　）。

    A.流动相种类多　　　　　　　　　　　　B.操作仪器化

    C.采用高效固定相　　　　　　　　　　　D.采用高灵敏度检测器

10.在高效液相色谱中,梯度洗脱适用于分离（　　）。

    A.异构体　　　　　　　　　　　　　　　B.沸点相近,官能团相同的化合物

    C.沸点相差大的试样　　　　　　　　　　D.极性变化范围宽的试样

11.不同类型的有机物,在极性吸附剂上的保留顺序是(　　　)。

　　A.饱和烃、烯烃、芳烃、醚　　　　　　　B.醚、烯烃、芳烃、饱和烃

　　C.烯烃、醚、饱和烃、芳烃　　　　　　　D.醚、芳烃、烯烃、饱和烃

12.在高效液相色谱中,提高色谱柱柱效的最有效途径是(　　　)。

　　A.减小填料粒度　　　　　　　　　　　　B.适当升高柱温

　　C.降低流动相的速度　　　　　　　　　　D.增大流动相的速度

13.高压、高效、高速是现代液相色谱的特点,采用高压主要是由于(　　　)。

　　A.可加快流速,缩短分析时间　　　　　　B.高压可使分离效率显著提高

　　C.采用了细粒度固定相　　　　　　　　　D.采用了填充毛细管柱

14.用液相色谱法分析糖类化合物,应选用下列哪一种检测器? (　　　)

　　A.紫外检测器　　　　　　　　　　　　　B.示差检测器

　　C.荧光检测器　　　　　　　　　　　　　D.电化学检测器

15.在液相色谱中,梯度洗脱适于分离(　　　)。

　　A.同分异构体　　　　　　　　　　　　　B.极性范围宽的混合物

　　C.沸点相差大的混合物　　　　　　　　　D.生物大分子物质

二、简答题

1.在高效液相色谱中,对流动相的配制有何要求? 流动相在上机前为何要进行脱气处理?

2.简述高效液相色谱分析样品操作步骤和操作注意事项。

附　录

附录 1　仪器分析实训基本要求

（1）课前要做好预习，明确本次实验（实训）的目的、原理和操作要点，熟悉实验内容和主要步骤，预先安排好实验进程，结合理论知识，推导实验中涉及的计算公式，估计实验中会出现的问题或误差及处理办法。每次实验课均应有准备接受教师的提问。

（2）进入实验室应穿工作服（长发者应将头发收拢于实验帽内），保持实验室安静及室内卫生，不得将与实验无关的任何物品带入实验室。

（3）实验中应仔细、认真，严格按实验规程操作，认真练习操作技术，细心观察实验现象，如实记录原始数据，虚心接受教师的指导。

（4）注意防止试剂及药品的污染，取用时应仔细观察标签和取用工具上的标识，杜绝错盖瓶盖或不随手加盖的现象发生。当不慎发生试剂污染时，应及时报告任课教师，以便处理。公用试剂、药品应在指定位置取用。取出的试剂、药品不得再倒回原瓶。未经允许不得擅自动用实验室任何物品。

（5）按仪器操作规程使用仪器，破损仪器应及时登记报损、补发。使用精密仪器需经教师同意，并在教师指导下使用，用毕登记签名。

（6）正确使用清洁液，注意节约纯化水，清洗玻璃仪器应遵守少量多次的原则，洗至玻璃表面不挂水珠。

（7）节约水电、药品和试剂，爱护公物。可回收利用的废溶剂应回收至指定的容器中，不可任意弃去。腐蚀性残液应倒入废液缸中，切勿倒进水槽。

（8）实验完毕应认真清理实验台面，实验用品洗净后放回原处，经教师同意后方可离开。值日生还应负责清扫实验室公共卫生、清理公用试剂、清除垃圾及废液缸中污物，并检查水、电、门窗等安全事宜。

（9）认真总结实验结果，依据原始记录，按指定格式填写实验报告，并按规定时间上交实验报告。

（10）实验（实训）课不得旷课，实验期间不得擅自离开实验室。

附录 2 实验室安全常识

在仪器分析实验中常接触到有腐蚀性、毒性或易燃易爆的化学品,以及各种仪器设备、如使用不慎极易发生危险。在实验操作前应对各种药品、试剂的性质和仪器的性能有充分的了解,并且熟悉一般安全知识,必须严格遵守实验室各种安全操作制度。在实验中要时刻注意防火、防爆,发现事故苗头及时报告,不懂时不要擅自动手处理。

一、防火知识

实验室中失火原因通常是易燃液体使用、蒸馏不谨慎或电器电路有故障。预防失火的措施主要有:

(1)易燃物质应贮存于密闭容器内并放在专用仓库阴凉处,不宜大量存放在实验室中;在实验中使用或倾倒易燃物质时,注意要远离火源;易燃液体的废液应倒入专用贮存容器中,不得倒入下水道,以免引起燃爆事故。

(2)加热乙醚、二硫化碳、丙酮、苯、乙醇等低沸点或中等沸点区易燃液体时,最好使用水蒸气加热或用水浴加热,并随时查看检查,不得离开操作岗位,切记不能用直火或油浴加热。

(3)磷与空气接触易自发着火,应在水中贮存;金属钠暴露于空气中也能自燃且与水能起猛烈反应而着火,应在煤油中贮存。

(4)身上或手上沾有易燃物质时,应立即清洗干净,不得靠近火源,以免着火、实验过程一旦发生火灾,不要惊慌,首先尽快切断电源或燃气源,再根据起火原因有针对性灭火。

①乙醇及其他可溶于水的液体着火时,可用水灭火。

②有机溶剂或油类着火时,应用沙土隔绝氧气灭火。

③衣服着火时应就地躺下滚动,同时用湿衣服在身上抽打灭火。

二、防爆知识

(1)易发生爆炸的操作不得对着人进行。

(2)在蒸馏乙醚时应特别小心,切勿蒸干,因为乙醚在室温时的蒸气压很高,与空气或氧气混合时能产生过氧化物而发生猛烈爆炸。

(3)下列物质混合易发生爆炸:

① 氯酸与乙醇。

②高氯酸盐或氯酸盐与浓硫酸、硫黄或甘油。

③高锰酸钾与浓硫酸。

④金属钠或钾与水。

⑤硝酸钾与醋酸钠。

⑥氧化汞与硫黄。

⑦磷与硝酸、硝酸盐、氯酸盐。

（4）使用氢气、乙炔等可燃性气体为气源的仪器时，应注意检查气瓶及仪器管道的接头处，以免漏气后与空气混合发生爆炸。

（5）某些氧化剂或混合物不能研磨，否则将引起爆炸，如氯酸钾、硝酸钾、高锰酸钾等。

三、有腐蚀性、毒性试剂及药品使用知识

（1）使用浓酸、浓碱等强腐蚀性试剂时，应格外小心，切勿溅在皮肤或衣服上，尤其注意保护眼睛。硫酸、盐酸、硝酸、冰醋酸、氢氟酸、氢氧化钠、氢氧化钾等物质均能腐蚀皮肤、损坏衣服。盐酸、硝酸、氢氟酸、氨水的蒸气对呼吸道黏膜及眼睛有强烈的刺激作用，因此在使用上述试剂时应在通风橱中进行，或戴上口罩及防护眼镜。稀释硫酸时，应谨慎地将浓硫酸沿管壁缓缓倒入水中，切不可反向操作。不小心烫伤时可先用大量水冲洗，然后用20%苏打溶液洗拭（酸腐蚀）、5%苏打溶液洗拭（氢氟酸腐蚀）、2%硼酸或醋酸溶液冲洗（碱类腐蚀）、热水或硫代硫酸钠溶液敷治（过氧化氢腐蚀）。

（2）苯酚有腐蚀性，使皮肤呈白色烫伤，应立即将其除去，否则引起局部糜烂，治愈极慢。

（3）溴能刺激呼吸道、眼睛及烧伤皮肤。烧伤处应立即用石油醚或苯洗去溴液；或先用水洗，再用稀碳酸氢钠或硼酸溶液洗涤；或用25%氨溶液-松节油-95%乙醇（1∶1∶10）的混合液涂敷处理。

（4）氰化钾、三氧化二砷、升汞、黄磷或白磷均有剧毒，应严格按剧毒物的有关规定贮存、取用，切勿误入口中，使用后应及时洗手。如金属汞挥发性强，在体内易蓄积中毒，实验中切勿洒落在实验台面或地面上，一旦洒落，应立即用硫黄粉盖在洒落处，使汞转变为不挥发的硫化汞；氰化物不能与酸接触，否则会产生剧毒物氢氰酸。

四、用电安全知识

实验中应时刻重视用电安全，一般应注意：

（1）实验前应检查电线、电器设备有无损坏，绝缘是否良好，认真阅读使用说明书，明确使用方法，切不可盲目地接入电源，使用过程中要随时观察电器的运行情况。

（2）正确操作闸刀开关，使闸刀处于完全合上或完全拉断的位置，不能若即若离。

（3）使用烘箱和高温炉时，必须确认自动控制温度装置的可靠性，同时还需人工定时监测温度。

（4）不要将电气器械放在潮湿处，禁止用湿手或沾有食盐溶液和无机酸的手去接触使用电器，也不宜站在潮湿的地方使用电气器械。

附录3 《中华人民共和国药典》(2015版) 有关专用术语及规定介绍

一、溶解度

溶解度是药品的一种物理性质。药品的近似溶解度以下列术语表示(附录表3.1)。

附录表3.1 溶解度名词术语说明

项 目	说 明
极易溶解	系指溶质1 g(mL)能在溶剂不到1 mL中溶解
易溶	系指溶质1 g(mL)能在溶剂1~不到10 mL中溶解
溶解	系指溶质1 g(mL)能在溶剂10~不到30 mL中溶解
略溶	系指溶质1 g(mL)能在溶剂30~不到100 mL中溶解
微溶	系指溶质1 g(mL)能在溶剂100~不到1 000 mL中溶解
极微溶解	系指溶质1 g(mL)能在溶剂1 000~不到10 000 mL中溶解
几乎不溶或不溶	系指溶质1 g(mL)在溶剂10 000 mL中不能完全溶解

试验法除另有规定外,称取研成细粉的供试品或量取液体供试品,于25 ℃±2 ℃一定容量的溶剂中,每隔5分钟强力振摇30秒;观察30分钟内的溶解情况,如无目视可见的溶质颗粒或液滴时,即视为完全溶解。

二、鉴别项下规定的试验方法

系根据反映该药品某些物理、化学或生物学等特性所进行的药物鉴别试验,不完全代表对该药品化学结构的确证。

三、检查项

检查项下包括反映药品的安全性与有效性的试验方法和限度、均一性与纯度制备工艺要求等内容对于规定中的各种杂质检查项目,系指该药品在按既定工艺进行生产和正常贮藏过程中可能含有或产生并需要控制的杂质(如残留溶剂、有关物质等);改变有关工艺时需另考虑增修有关项目。

供直接分装成注射用无菌粉末的原料药,应按照注射剂项下相应的要求进行检查,并应符合规定。各类制剂,除另有规定外,均应符合各制剂通则项下有关的各项规定。

四、制剂规格

系指每一支、片或其他每一个单位制剂中含有主药的质量(或效价)或含量(%)或装量。注射液项下,如为"1 mL:10 mg",系指1 mL中含有主药10 mg;对于列有处方或标有浓度的制剂,也可同时规定装量规格。

五、贮藏项下的规定

系为避免污染和降解而对药品贮存与保管的基本要求,以下列名词术语表示,详见附录表 3.2。

附录表 3.2　药品贮藏与保管名词术语说明

项　目	说　明
遮光	系指用不透光的容器包装,例如棕色容器或黑纸包裹的无色透明、半透明容器
密闭	系指将容器密闭,以防止尘土及异物进入
密封	系指将容器密封以防止风化、吸潮、挥发或异物进入
熔封或严封	系指将容器熔封或用适宜的材料严封,以防止空气与水分的侵入并防止污染
阴凉处	系指不超过 20 ℃
阴暗处	系指避光并不超过 20 ℃
冷处	系指 2~10 ℃
常温	系指 10~30 ℃

六、标准中规定的各种纯度和限度数值以及制剂的重(装)量差异

系包括上限和下限两个数值本身及中间数值。规定的这些数值不论是百分数还是绝对数字,其最后一位数字都是有效位。

试验结果在运算过程中,可比规定的有效数字多保留 1 位数,而后根据有效数字的修约规则进舍至规定有效位。计算所得的最后数值或测定读数值均可按修约规则进舍至规定的有效位,取此数值与标准中规定的限度数值比较,以判断是否符合规定的限度。

七、原料药的含量(%)

除另有注明者外,均按质量计。如规定上限为 100% 以上时,系指用药典规定的分析方法测定时可能达到的数值,它为药典规定的限度或允许偏差,并非真实含有量;如未规定上限时,系指不超过 101.0%。

制剂的含量限度范围,系根据主药含量的多少、测定方法误差、生产过程不可避免误差和贮存期间可能产生的偏差或变化而制订的,生产中应按标示量 100% 投料。如已知某一成分在生产或贮存期间含量会降低,生产时可适当增加投料量,以保证在有效期(或使用期限)内含量能符合规定。

八、标准品、对照品

系指用于鉴别、检查、含量测定的标准物质。标准品与对照品(不包括色谱用的内标物质)均由国务院药品监督管理部门指定的单位制备、标定和供应。标准品系指用于生物检定、抗生素或生化药品中含量或效价测定的标准物质,按效价单位(或 μg)计,以国际标准品进行标定;对照品除另有规定外,均按干燥品(或无水物)进行计算后使用。

标准品与对照品的建立或变更批号,应与国际标准品、国际对照品或原批号进行对比,并经过协作标定和一定的工作程序进行技术审定。

标准品与对照品均应附有使用说明书,标明要点是批号、用途、使用方法、贮藏条件和装

量等。

九、滴定液和试液的浓度

以 mol/L(摩尔/升)表示者,其浓度要求精密标定的滴定液用"XXX 滴定液(YYY mol/L)"表示;作其他用途不需精密标定其浓度时,用"YYY mol/L XXX 溶液"表示,以示区别。

十、温度表示

温度描述,一般以下列名词术语表示,如附录表 3.3 所示。

附录表 3.3 温度名词术语说明

项　目	说　明
沸水	除另有规定外,均指 98~100 ℃
热水	系指 70~80 ℃
微温或温水	系指 40~50 ℃
室温	系指 10~30 ℃
冷水	系指 2~10 ℃
冰浴	系指约 0 ℃
放冷	系指放冷至室温

十一、百分比

符号为"%",系指质量的比例;但溶液的百分比,除另有规定外,系指溶液 100 mL 中含有溶质若干克;乙醇的百分比,系指在 20 ℃时容量的比例。此外,根据需要可采用下列符号,详见附录表 3.4。

附录表 3.4 百分比名词术语说明

项　目	说　明
%(g/g)	表示溶液 100 g 中含有溶质若干克
%(mL/mL)	表示溶液 100 mL 中含有溶质若干毫升
%(mL/g)	表示溶液 100 g 中含有溶质若干毫升
%(g/mL)	表示溶液 100 mL 中含有溶质若干克

十二、液体的滴数

系在 20 ℃时,以 1.0 mL 水为 20 滴进行换算。

十三、溶液后标示的"(1→10)"等符号

系指固体溶质 1.0 g 或液体溶质 1.0 mL 加溶剂使成 10 mL 的溶液;未指明用何种溶剂时,均系指水溶液;两种或两种以上液体的混合物,名称间用半字线"-"隔开,其后括号内所示的

"："符号系指各液体混合时的体积(质量)比例。

十四、药筛

选用国家标准的 R40/3 系列,等级说明见附录表 3.5。

附录表 3.5　药筛等级说明

项目	筛孔内径(平均值)	目号
一号筛	2 000 μm±70 μm	10 目
二号筛	850 μm±29 μm	24 目
三号筛	355 μm±13 μm	50 目
四号筛	250 μm±9.9 μm	65 目
五号筛	180 μm±7.6 μm	80 目
六号筛	150 μm±6.6 μm	100 目
七号筛	125 μm±5.8 μm	120 目
八号筛	90 μm±4.6 μm	150 目
九号筛	75 μm±4.1 μm	200 目

十五、粉末等级

粉末等级详见附录表 3.6。

附录表 3.6　粉末等级说明

项　目	说　明
最粗粉	指能全部通过一号筛,但混有能通过三号筛不超过 20% 的粉末
粗粉	指能全部通过二号筛,但混有能通过四号筛不超过 40% 的粉末
中粉	指能全部通过四号筛,但混有能通过五号筛不超过 60% 的粉末
细粉	指能全部通过五号筛,并含能通过六号筛不少于 95% 的粉末
最细粉	指能全部通过六号筛,并含能通过七号筛不少于 95% 的粉末
极细粉	指能全部通过八号筛,并含能通过九号筛不少于 95% 的粉末

十六、乙醇浓度

未指明浓度时,均系指 95%(mL/mL)的乙醇。

十七、试验中供试品与试药等"称重"或"量取"的量

均以阿拉伯数码表示,其精确度可根据数值的有效数位来确定,如称取"0.1 g",系指称取重量可为 0.06~0.14 g;称取"2 g",系指称取重量可为 1.5~2.5 g;称取"2.0 g",系指称取重量可为 1.95~2.05 g;称取"2.00 g",系指称取重量可为 1.995~2.005 g。"精密称定"系指称取重量应准确至所取重量的千分之一;"称定"系指称取重量应准确至所取重量的百分之一;"精密量取"系指量取体积的准确度应符合国家标准中对该体积移液管的精密度要求;"量取"系指

可用量筒或按照量取体积的有效数位选用量具。取用量为"约"若干时,系指取用量不得超过规定量的±10%。

十八、恒重

除另有规定外,系指供试品连续两次干燥或炽灼后称重的差异在 0.3 mg 以下的重量;干燥至恒重的第二次及以后各次称重均应在规定条件下继续干燥 1 小时后进行;炽灼至恒重的第二次称重应在继续炽灼 30 分钟后进行。

十九、按干燥品(或无水物,或无溶剂)计算

试验中规定"按干燥品(或无水物,或无溶剂)计算"时,除另有规定外,应取未经干燥(或未去水,或未去溶剂)的供试品进行试验,并将计算中的取用量按检查项下测得的干燥失重(或水分,或溶剂)扣除。

二十、空白试验

试验中的"空白试验",系指在不加供试品或以等量溶剂替代供试液的情况下,按同法操作所得的结果;含量测定中的"并将滴定的结果用空白试验校正",系指按供试品所耗滴定液的量(mL)与空白试验中所耗滴定液的量(mL)之差进行计算。

二十一、试验温度

试验时的温度,未注明者,系指在室温下进行温度高低对试验结果有显著影响者,除另有规定外,应以(25±2)℃为准。

二十二、试验用水

除另有规定外,试验用水均系指纯化水。酸碱度检查所用的水,均系指新沸并放冷至室温的水。

二十三、酸碱性试验指示剂

酸碱性试验时,如未指明用何种指示剂,均系指石蕊试纸。

附录 4　实训记录与实训报告

　　实训过程中应尊重实验事实,及时做好完整而确切的原始记录,包括实训中的操作、现象、数据等,不得编造或篡改。原始记录应直接记于实训报告本上,绝不允许记于纸条上、手上或其他地方,也不允许暂记在脑子里等下一个数据一起记录。原始记录是实训报告的一部分,尊重原始记录是必要的科学作风。报告本不准撕页,如记录有误,只能将写错处用双线划去(但要求仍能看清原来写错的数值),在其旁写上正确数据,并签更改者姓名,千万不得涂改,涂改的原始记录无效。记录内容一般包括供试药品名称、来源、批号、数量、规格、外观性状、包装情况、检验中观察到的现象、检验数据等。记录实训数据时,保留几位有效数字应和所用仪器的准确程度相适应。实训结束,应根据原始记录,写出实训报告。

实训报告格式要求

一、实训原始记录

题　目

时间　　　　　温度　　　　　　湿度

1.药品(名称、厂家、批号、标示量)

2.试剂(名称、厂家、批号、规格)

3.主要仪器(厂家、规格、型号)

4.实训内容及步骤

5.数据记录与处理

二、实训报告

题　目

时间

1.实训目的

2.实训原理

3.实训结论

4.实训思考

5.实训体会

附录 5　仪器分析实训测试表

班级_____　　　　姓名_____　　　　学号_____

实训考核	考核项目					
	出勤(5分)	提问(5分)	操作(45分)	报告(40分)	其他(5分)	总　分
实训 1						
实训 2						
实训 3						
实训 4						
实训 5						
实训 6						
实训 7						
实训 8						
实训 9						
实训 10						
实训 11						

附录6　结合实训药品质量标准

药品质量标准按照《中华人民共和国药典》（2015 版四部）附录中规定执行。

一、对乙酰氨基酚

对乙酰氨基酚

Duiyixian'anjifen

Paracetamol

$C_8H_9NO_2$　　151.16

本品为4′-羟基乙酰苯胺。按干燥品计算，含 $C_8H_9NO_2$ 应为 98.0%～102.0%。

【性状】　本品为白色结晶或结晶性粉末；无臭，味微苦。本品在热水或乙醇中易溶，在丙酮中溶解，在水中略溶。

熔点　本品的熔点（附录Ⅵ C）为 168～172 ℃。

【鉴别】　（1）本品的水溶液加三氯化铁试液，即显蓝紫色。

（2）取本品约 0.1 g，加稀盐酸 5 mL，置水浴中加热 40 分钟，放冷；取 0.5 mL，滴加亚硝酸钠试液 5 滴，摇匀，用水 3 mL 稀释后，加碱性 β-萘酚试液 2 mL，振摇，即显红色。

（3）本品的红外光吸收图谱应与对照的图谱（红外标准图谱—光谱集 131 图）一致。

【检查】　酸度　取本品 0.10 g，加水 10 mL 使溶解，依法测定（附录Ⅵ H），pH 值应为 5.5～6.5。

乙醇溶液的澄清度与颜色　取本品 1.0 g，加乙醇 10 mL 溶解后，溶液应澄清无色；如显浑浊，与 1 号浊度标准液（附录Ⅸ B）比较，不得更浓；如显色，与棕红色 2 号或橙红色 2 号标准比色液（附录Ⅸ A 第一法）比较，不得更深。

氯化物　取本品 2.0 g，加水 100 mL，加热溶解后，冷却，滤过，取滤液 25 mL，依法检查（附录Ⅷ A），与标准氯化钠溶液 5.0 mL 制成的对照液比较，不得更浓（0.01%）。

硫酸盐　取氯化物项下剩余的滤液 25 mL，依法检查（附录Ⅷ B），与标准硫酸钾溶液 1.0 mL 制成的对照液比较，不得更浓（0.02%）。

对氨基酚及有关物质　临用新制。取本品适量，精密称定，加溶剂［甲醇-水（4：6）］制成每 1 mL 中约含 20 mg 的溶液，作为供试品溶液；另取对氨基酚对照品和对乙酰氨基酚对照品适量，精密称定，加上述溶剂溶解并制成每 1 mL 中约含对氨基酚 1 μg 和对乙酰氨基酚 20 μg 的混合溶液，作为对照品溶液。照高效液相色谱法（附录Ⅴ D）试验。用辛烷基硅烷键合硅胶为填充剂；以磷酸盐缓冲液（取磷酸氢二钠 8.95 g，磷酸二氢钠 3.9 g，加水溶解至 1 000 mL，加 10%四丁基氢氧化铵溶液 12 mL）-甲醇（90：10）为流动相；检测波长 245 nm；柱温为 40 ℃；理论板数按对乙酰氨基酚计算不低于 2 000，对氨基酚峰与对乙酰氨基酚峰的分离度应符合要求。取对照品溶液 20 μL 注入液相色谱仪,调节检测灵敏度,使对氨基酚色谱峰的峰高约为满量程的 10%再精密量取供试品溶液与对照品溶液各 20 μL,分别注入液相色谱仪,记录色谱图至主成分峰保留时间的 4 倍。供试品溶液的色谱图中如有与对照品溶液中对氨基酚保留时间一致的色谱峰,按外标法以峰面积计算,含对氨基酚不得过 0.005%;其他杂质峰面积均不得大于对照品溶液中对乙酰氨基酚的峰面积(0.1%);杂质总量不得过 0.5%。

对氯苯乙酰胺 临用新制。取对氨基酚及有关物质项下的供试品溶液作为供试品溶液;另取对氯苯乙酰胺对照品(和对乙酰氨基酚对照品)适量,精密称定,加溶剂[甲醇-水(4:6)]溶解并制成每 1 mL 中约含(对氯苯乙酰胺)1 μg(与对乙酰氨基酚 20 μg 的混合)溶液,作为对照品溶液。用辛烷基硅烷键合硅胶为填充剂;以磷酸盐缓冲液(取磷酸氢二钠 8.95 g、磷酸二氢钠 3.9 g,加水溶解至 1 000 mL,加 10%四丁基氢氧化铵溶液 12 mL)-甲醇(60:40)为流动相;检测波长 245 nm;柱温为 40 ℃;理论板数按对乙酰氨基酚峰计算不低于 2 000,对氯苯乙酰胺峰与对乙酰氨基酚峰的分离度应符合要求。取对照品溶液 20 μL 注入液相色谱仪,调节检测灵敏度,使对氯苯乙酰胺色谱峰的峰高约为满量程的 10%再精密量取供试品溶液与对照品溶液各 20 μL,分别注入液相色谱仪,记录色谱图。按外标法以峰面积计算,含对氯苯乙酰胺不得过 0.005%。

干燥失重 取本品,在 105 ℃干燥至恒重,减失重量不得过 0.5%(附录Ⅷ L)。

炽灼残渣 不得过 0.1%(附录Ⅷ N)。

重金属 取本品 1.0 g,加水 20 mL,置水浴中加热使溶解,放冷,滤过,取滤液加醋酸盐缓冲液(pH 3.5)2 mL 与水适量使成 25 mL,依法检查(附录Ⅷ H 第一法),含重金属不得过百万分之十。

【含量测定】 取本品约 40 mg,精密称定,置 250 mL 量瓶中,加 0.4%氢氧化钠溶液 50 mL 溶解后,加水至刻度,摇匀,精密量取 5 mL,置 100 mL 量瓶中,加 0.4%氢氧化钠溶液 10 mL,加水至刻度,摇匀,照紫外-可见分光光度法(附录Ⅳ A),在 257 nm 的波长处测定吸光度,按 $C_8H_9NO_2$ 的吸收系数($E_{1\,cm}^{1\%}$)为 715 计算,即得。

【类别】 解热镇痛药。

【贮藏】 密封保存。

【制剂】 ①对乙酰氨基酚片;②对乙酰氨基酚咀嚼片;③对乙酰氨基酚泡腾片;④对乙酰氨基酚注射液;⑤对乙酰氨基酚栓;⑥对乙酰氨基酚胶囊;⑦乙酰氨基酚颗粒;⑧对乙酰氨基酚滴剂;⑨对乙酰氨基酚凝胶。

对乙酰氨基酚片

Duiyixian'anjifen Pian

Paracetamol Tablets

本品含对乙酰氨基酚($C_8H_9NO_2$)应为标示量的 95.0% ~ 105.0%。

【性状】 本品为白色片、薄膜衣或明胶包衣片,除去包衣后显白色。

【鉴别】 (1)取本品适量(约相当于对乙酰氨基酚 0.5 g),用乙醇 20 mL 分次研磨使对乙酰氨基酚溶解,滤过,合并滤液,蒸干,残渣照对乙酰氨基酚项下的鉴别(1)、(2)项试验,显相同的反应。

(2)取本品细粉适量(约相当于对乙酰氨基酚 100 mg),加丙酮 10 mL,研磨溶解,滤过,滤液水浴蒸干,残渣经减压干燥,依法测定。本品的红外光吸收图谱应与对照的图谱(光谱集131图)一致。

【检查】 对氨基酚 临用新制。取本品细粉适量(约相当于对乙酰氨基酚 0.2 g),精密称定,置 10 mL 量瓶中,加溶剂[甲醇-水(4∶6)]适量,振摇使对乙酰氨基酚溶解,加溶剂稀释至刻度,摇匀,滤过,取续滤液作为供试品溶液;另取对氨基酚对照品和对乙酰氨基酚对照品适量,精密称定,加上述溶剂溶解并制成每 1 mL 中各约含 20 μg 的混合溶液,作为对照品溶液。照对乙酰氨基酚中对氨基酚及有关物质项下的色谱条件试验,供试品溶液的色谱图中如有与对照品溶液中对氨基酚保留时间一致的色谱峰,按外标法以峰面积计算,含对氨基酚不得过标示量的 0.1%。

溶出度 取本品,照溶出度测定法(附录Ⅹ C 第一法),以稀盐酸 24 mL 加水至 1 000 mL 为溶出介质,转速为每分钟 100 转,依法操作,经 30 分钟时,取溶液滤过,精密量取续滤液适量,用 0.04% 氢氧化钠溶液稀释制成每 1 mL 中含对乙酰氨基酚 5~10 μg 的溶液,照紫外-可见分光光度法(附录Ⅳ A),在 257 nm 的波长处测定吸光度,按 $C_8H_9NO_2$ 的吸收系数($E_{1\,cm}^{1\%}$)为 715 计算每片的溶出量。限度为标示量的 80%,应符合规定。

其他 应符合片剂项下有关的各项规定(附录Ⅰ A)。

【含量测定】 取本品 20 片,精密称定,研细,精密称取适量(约相当于对乙酰氨基酚 40 mg),置 250 mL 量瓶中,加 0.4% 氢氧化钠溶液 50 mL 与水 50 mL,振摇 15 分钟,用水稀释至刻度,摇匀,滤过,精密量取续滤液 5 mL,照对乙酰氨基酚含量测定项下方法,自"置 100 mL 量瓶中"起,依法测定,即得。

【类别】 同对乙酰氨基酚。

【规格】 ①0.1 g;②0.3 g;③0.5 g

【贮藏】 密封保存。

二、马来酸氯苯那敏

马来酸氯苯那敏
Malaisuan Lübennamin
Chlorphenamine Maleate

$C_{16}H_{19}ClH_2 \cdot C_4H_4O_4$　390.87

本品为 2-[对-氯-α-[2-(二甲氨基)乙基]苯基]吡啶马来酸盐。按干燥品计算,含 $C_{16}H_{19}ClN_2 \cdot C_4H_4O_4$ 不得少于 98.5%。

【性状】 本品为白色结晶性粉末;无臭,味苦。

本品在水或乙醇或三氯甲烷中易溶,在乙醚中微溶。

熔点 本品的熔点(附录Ⅵ C)为 131.5~135 ℃。

吸收系数 取本品,精密称定,加盐酸溶液(稀盐酸 1 mL 加水至 100 mL)溶解并定量稀释制成每 1 mL 中约含 20 μg 的溶液,照紫外-可见分光光度法(附录Ⅳ A),在 264 nm 的波长处测定吸光度,吸收系数($E_{1\,cm}^{1\%}$)为 212~222。

【鉴别】 (1)取本品约 10 mg,加枸橼酸醋酐试液 1 mL,置水浴上加热,即显红紫色。

(2)取本约 20 mg,加稀硫酸 1 mL,滴加高锰酸钾试液,红色即消失。

(3)本品的红外光吸收图谱应与对照的图谱(光谱集 61 图)一致。

【检查】 酸度 取本品 0.1 g,加水 10 mL 溶解后,依法测定(附录Ⅵ H),pH 值应为 4.0~5.0。

有关物质 取本品,加溶剂[流动相 A-乙腈(80:20)]溶解并稀释制成每 1 mL 中含 1 mg 的溶液,作为供试品溶液;精密量取适量,用上述溶剂稀释成每 1 mL 中含 3 μg 的溶液,作为对照溶液。照高效液相色谱法(附录Ⅴ D)试验。用辛烷基硅烷经合硅胶为填充剂;流动相 A 为磷酸盐缓冲液(取磷酸二氢铵 11.5 g,加水适量使溶解,加磷酸 1 mL,用水稀释至 1 000 mL),流动相 B 为乙腈,按附录表 1.7 进行梯度洗脱;流速为每分钟 1.2 mL;检测波长为 225 nm。理论板数按氯苯那敏峰计算不低于 4 000。取对照溶液 10 μL,注入液相色谱仪,调节检测灵敏度,使氯苯那敏色谱峰的峰高约为满量程的 25%;再精密量取供试品溶液与对照溶液各 10 μL,分别注入液相色谱仪,记录色谱图。供试品溶液的色谱图中如有杂质峰,除马来酸峰外,单个杂质峰面积不得大于对照溶液中氯苯那敏峰面积(0.3%),各杂质峰面积的和不得大于对照溶液中氯苯那敏峰面积 3 倍(0.9%)。供试品溶液色谱图中小于对照溶液氯苯那敏峰面积 0.17 倍的色谱峰忽略不计(0.05%)。

附录表 1.7 梯度洗脱

时间/分钟	流动相 A/%	流动相 B/%
0	90	10
25	75	25
40	60	40
45	90	10
50	90	10

残留溶剂 四氢呋喃、一氧六环、吡啶与甲苯;取本品适量,精密称定,加二甲基甲酰胺溶解并稀释制成每 1 mL 中约含 0.2 g 的溶液,作为供试品溶液;另取四氢呋喃、1,4-二氧六环、吡啶和甲苯适量,精密称定,用二甲基甲酰胺定量稀释制成每 1 mL 中各含四氢呋喃 144 μg、1,4-二氧六环 76 μg、吡啶 40 μg、甲苯 178 μg 的溶液,作为对照品溶液。精密量取供试品溶液与对照溶液各 1 mL,置顶空瓶中,密封。照残留溶剂测定法(附录Ⅷ P 第二法)测定,用 5% 苯基-95% 甲基聚硅氧烷(或极性相近)为固定液;柱温在 50 ℃维持 15 分钟,再以每分钟 8 ℃的速率升温至 120 ℃,维持 10 分钟;进样口温度为 200 ℃;检测器温度为 250 ℃。顶空瓶平衡温度为 90 ℃,平衡时间为 30 分钟,进样体积为 1.0 mL。取对照品溶液顶空进样,理论板数按四氢呋喃峰计算不低于 5 000,各成分峰间的分离度均应符合要求。再取供试品溶液与对照品溶液分别顶空进样,记录色谱图。按外标法以峰面积计算,均应符合规定。

易炭化物 取本品 25 mg,依法检查(附录Ⅷ O),与黄色 1 号标准比色液比较,不得更深。

干燥失重　取本品,在 105 ℃ 干燥至恒重,减失重量不得过 0.5%(附录Ⅷ L)。

炽灼残渣　不得过 0.1%(附录Ⅷ N)。

【含量测定】　取本品约 0.15 g,精密称定,加冰醋酸 10 mL 溶解后,加结晶紫指示液 1 滴,用高氯酸滴定液(0.1 mol/L)滴定至溶液显蓝绿色,并将滴定的结果用空白试验校正。每 1 mL 高氯酸滴定液(0.1 mol/L)相当于 19.54 mg 的 $C_{16}H_{19}ClN_2 \cdot C_4H_4O_4$。

【类别】　抗组胺药。

【贮藏】　遮光,密封保存。

【制剂】　①马来酸氯苯那敏片;②马来酸氯苯那敏注射液;③马来酸氯苯那敏滴丸。

马来酸氯苯那敏片

Malaisuan Lübennamin Pian

Chlorphenamine Maleate Tablets

本品含马来酸氯苯那敏($C_{16}H_{19}ClN_2 \cdot C_4H_4O_4$)应为标示量的 93.0%~107.0%。

【性状】　本品为白色片。

【鉴别】　(1)取本品的细粉适量(约相当于马来酸氯苯那敏 8 mg),加水 4 mL,搅拌,滤过,滤液蒸干,照马来酸氯苯那敏项下的鉴别(1)项试验,显相同的反应。

(2)取本品的细粉适量(约相当于马来酸氯苯那敏 20 mg),加稀硫酸 2 mL,搅拌,滤过,滤液滴加高锰酸钾试液,红色即消失。

(3)在含量测定项下记录的色谱图中,供试品溶液两主峰的保留时间应与对照品溶液相应两主峰的保留时间一致。

【检查】　含量均匀度　取本品 1 片,置 25 mL(1 mg 规格)或 50 mL(4 mg 规格)量瓶中,加流动相约 20 mL,振摇崩散并使马来酸氯苯那敏溶解。用流动相稀释至刻度,摇匀,滤过,取续滤液 20 μg(1 mg 规格)或 10 μL(4 mg 规格),照含量测定项下的方法测定含量,应符合规定(附录Ⅹ E)。

溶出度　取本品,照溶出度测定法(附录Ⅹ C 第三法),以稀盐酸 2.5 mL 加水至 250 mL 为溶剂,转速为每分钟 50 转,依法操作,经 45 分钟时,取溶液 10 mL 滤过,取续滤液,照紫外-可见分光光度法(附录Ⅳ A),在 264 nm 的波长处测定吸光度,按 $C_{16}H_{19}ClN_2 \cdot C_4H_4O_4$ 的吸收系数($E_{1\,cm}^{1\%}$)为 217 计算每片的溶出度。限度为标示量的 75%,应符合规定。

其他　应符合片剂项下有关的各项规定(附录Ⅰ A)。

【含量测定】　照高效液相色谱法(附录Ⅴ D)测定。

色谱条件与系统适用性试验　用十八烷基硅烷键合硅胶为填充剂;以磷酸盐缓冲液(取磷酸二氢铵 11.5 g,加水适量使溶解,加磷酸 1 mL,用水稀释至 1 000 mL)-乙腈(80∶20)为流动相;柱温为 30 ℃;检测波长为 262 nm。出峰顺序依次为马来酸与氯苯那敏,理论板数按氯苯那敏峰计算不低于 4 000,氯苯那敏与相邻杂质峰的分离度应符合要求。

测定法　取本品 20 片,精密称定,研细,精密称取适量(约相当于马来酸氯苯那敏 4 mg),置 50 mL 量瓶中,加流动相适量,振摇使马来酸氯苯那敏溶解,用流动相稀释至刻度,摇匀,滤过,精密量取续滤液 10 μL 注入液相色谱仪,记录色谱图;另取马来酸氯苯那敏对照品 16 mg,精密称定,置 200 mL 量瓶中,加流动相溶解并稀释至刻度,摇匀,同法测定。按外标法以氯苯那敏峰面积计算,即得。

【类别】 同马来酸氯苯那敏。

【规格】 ①1 mg;②4 mg 。

【贮藏】 遮光,密封保存。

三、甲硝唑

甲硝唑

Jiaxiaozuo

Metronidazole

$C_6H_9N_3O_3$ 171.16

本品为 2-甲基-5-硝基咪唑-1-乙醇。按干燥品计算,含 $C_6H_9N_3O_3$ 不得少于 99.0%。

【性状】 本品为白色至微黄色的结晶或结晶性粉末;有微臭,味苦而略咸。

本品在乙醇中略溶,在水或三氯甲烷中微溶,在乙醚中极微溶解。

熔点 本品的熔点(附录Ⅵ C)为 159~163 ℃。

吸收系数 取本品,精密称定,加盐酸溶液(9→1 000)溶解并定量稀释制成每 1 mL 中约含 13 μg 的溶液,照紫外-可见分光光度法(附录Ⅵ A),在 277 nm 的波长处测定吸光度,吸收系数($E_{1\,cm}^{1\%}$)为 365~389。

【鉴别】 (1)取本品约 10 mg,加氢氧化钠试液 2 mL 微温,即得紫红色溶液滴加稀盐酸使成酸性即变成黄色,再滴加过量氢氧化钠试液则变成橙红色。

(2)取本品约 0.1 g,加硫酸溶液(3→100)4 mL,应能溶解;加三硝基苯酚试液 10 mL,放置后即生成黄色沉淀。

(3)取吸收系数项下的溶液,照紫外-可见分光光度法(附录Ⅵ A)测定,在 277 nm 的波长处有最大吸收,在 241 nm 的波长处有最小吸收。

(4)本品的红外光吸收图谱应与对照的图谱(光谱集 112 图)一致。

【检查】 乙醇溶液的澄清度与颜色 取本品,加乙醇溶解并稀释制成每 1 mL 中约含 5 mg 的溶液,溶液应澄清;如显浑浊,与 1 号浊度标准液(附录Ⅸ B)比较,不得更浓;如显色,与黄色或黄绿色 2 号标准比色液(附录Ⅸ A 第一法)比较,不得更深。

有关物质 避光操作。取本品约 100 mg,置 100 mL 量瓶中,加甲醇溶解并稀释至刻度,摇匀,精密量取适量,用流动相定量稀释制成每 1 mL 中含 0.2 mg 的溶液,作为供试品溶液另取 2-甲基-5-硝基咪唑对照品约 20 mg,置 100 mL 量瓶中,加甲醇溶解并稀释至刻度,摇匀,作为对照品溶液。分别精密量取供试品溶液 2 mL 与对照品溶液 1 mL,置同一 100 mL 量瓶中,用流动相稀释至刻度,摇匀,精密量取 5 mL,置 50 mL 量瓶中,用流动相稀释至刻度,摇匀,作为对照溶液。照高效液相色谱法(附录Ⅴ D)试验。用十八烷基硅烷键合硅胶为填充剂;以甲醇-水(20 :80)为流动相检测波长为 315 nm。理论板数甲硝唑峰计算不低于 2 000,甲硝唑与 2-甲基-5-硝基咪唑峰的分离度应大于 2.0。取对照溶液 20 μL,注入液相色谱仪,调节检测灵敏度,使甲硝唑色谱峰的峰高约为满量程的 10%再精密量取供试品溶液和对照溶液各 20 μL,分别注入液相色谱仪,记录色谱图至主成分峰保留时间的 2 倍。供试品溶液的色谱图中如有与 2-甲基-5-硝基咪唑保留时间一致的色谱峰,其峰面积不得大于对照溶液中甲硝唑峰面积的 0.5 倍(0.1%),各杂质峰面积的和不得大于对照溶液中甲硝唑峰面积(0.2%)。

干燥失重　取本品,在 105 ℃干燥至恒重,减失重量不得过 0.5%(附录ⅧL)。

炽灼残渣　取本品 1.0 g,依法检查(附录Ⅷ　N),遗留残渣不得过 0.1%。

重金属　取炽灼残渣项下遗留的残渣,依法检查(附录Ⅷ　H 第一法),含重金属不得过百万分之十。

【含量测定】　取本品约 0.13 g,精密称定,加冰醋酸 10 mL 溶解后,加萘酚苯甲醇指示液 2 滴、用高氯酸滴定液(0.1 mol/L)滴定至溶液显绿色,并将滴定的结果用空白试验校正,每 1 mL高氯酸滴定液(0.1 mol/L)相当于 17.12 mg 的 $C_6H_9N_3O_3$。

【贮藏】　遮光,密封保存。

【制剂】　①甲硝唑片;②甲硝唑阴道泡腾片;③甲硝唑注射液;④甲硝唑栓;⑤甲硝唑胶囊;⑥甲硝唑葡萄糖注射液;⑦甲硝唑氯化钠注射液。

甲硝唑片

Jiaxiaozuo Pian

Metronidazole Tablets

本品含甲硝唑($C_6H_9N_3O_3$)应为标示量的 93.0%～107.0%。

【性状】　本品为白色或类白色片。

【鉴别】　(1)取本品的细粉适量(约相当于甲硝唑 10 mg),照甲硝唑项下的鉴别(1)项试验,显相同的反应。

(2)取本品的细粉适量(约相当于甲硝唑 0.2 g),加硫酸溶液(3→100)4 mL,振摇使甲硝唑溶解,滤过,滤液中加三硝基苯酚试液 10 mL,放置后即生成黄色沉淀。

(3)在含量测定项下记录的色谱图中,供试品溶液主峰的保留时间应与对照品溶液相应主峰的保留时间一致。

【检查】　溶出度　取本品,照溶出度测定法(附录Ⅹ C 第一法),以盐酸溶液(9→1 000)900 mL 为溶出介质,转速为每分钟 100 转,依法操作,经 30 分钟时,取溶液,滤过,精密量取续滤液 3 mL,置 50 mL 量瓶中,用溶出介质稀释至刻度,摇匀,照紫外-可见分光光度法(附录Ⅵ A),在 277 nm 的波长处测定吸光度,按 $C_6H_9N_3O_3$ 的吸收系数($E_{1cm}^{1\%}$)为 377 计算每片的溶出量。限度为标示量的 80%,应符合规定。

其他　应符合片剂项下有关的各项规定(附录Ⅰ A)。

【含量测定】　照高效液相色谱法(附录Ⅴ D)测定。

色谱条件与系统适用性试验　用十八烷基硅烷键合硅胶为填充剂;以甲醇-水(20 ：80)为流动相检测波长为 320 nm。理论板数按甲硝唑峰计算不低于 2 000。

测定法　取本品 20 片,精密称定,研细,精密称取细粉适量(约相当于甲硝唑 0.25 g),置 50 mL 量瓶中,加 50%甲醇适量,振摇使甲硝唑溶解,用 50%甲醇稀释至刻度,摇匀,滤过,精密量取续滤液 5 mL,置 100 mL 量瓶中,用流动相稀释至刻度,摇匀,精密量取 10 μL 注入液相色谱仪,记录色谱图;另取甲硝唑对照品适量,精密称定,加流动相溶解并定量稀释制成每 1 mL

中约含 0.25 mg 的溶液,同法测定。按外标法以峰面积计算,即得。

　　【类别】　同甲硝唑。

　　【规格】　①0.1 g;②0.2 g;③0.25 g 。

　　【贮藏】　遮光,密封保存。

四、布洛芬

布洛芬

Buluofen

Ibuprofen

$C_{13}H_{18}O_2$　　　206.28

本品为 α-甲基-4-(2-甲基丙基)苯乙酸。按干燥品计算,含 $C_{13}H_{18}O_2$ 不得少于98.5%。

　　【性状】　本品为白色结晶性粉末;稍有特异臭,几乎无味。

本品在乙醇、丙酮、三氯甲烷或乙醚中易溶,在水中几乎不溶;在氢氧化钠或碳酸试液中易溶。

　　熔点　本品的熔点(附录Ⅵ C)为 74.5~77.5 ℃。

　　【鉴别】　(1)取本品,加0.4%氢氧化钠溶液制成每1 mL 中含0.25 mg 的溶液,照紫外-可见分光光度法(附录ⅣA)测定,在265与273 nm 的波长处有最大吸收,在245与271 nm 的波长处有最小吸收,在259 nm 的波长处有一肩峰。

　　(2)本品的红外光吸收图谱应与对照的图谱(光谱集943图)一致。

　　【检查】　氯化物　取本品1.0 g,加水50 mL,振摇5分钟,滤过,取续滤液25 mL,依法检查(附录ⅧA),与标准氯化钠溶液5.0 mL 制成的对照液比较,不得更浓(0.010%)。

　　有关物质　取本品,加三氯甲烷制成每1 mL 中含100 mg 的溶液,作为供试品溶液;精密量取适量,加三氯甲烷稀释成每1 mL 中含1.0 mg 的溶液,作为对照溶液。照薄层色谱法(附录Ⅴ　B)试验,吸取上述两种溶液各5 μL,分别点于同一硅胶 G 薄层板上,以正己烷-乙酸乙酯-冰醋酸(15∶5∶1)为展开剂,展开,晾干,喷以1%高锰酸钾的稀硫酸溶液,在120 ℃加热20分钟,置紫外光灯(365 nm)下检视。供试品溶液如显杂质斑点,与对照溶液的主斑点比较,不得更深。

　　干燥失重　取本品,以五氧化二磷为干燥剂,在60 ℃减压干燥至恒重,减失重量不得过0.5%(附录Ⅷ　L)。

　　炽灼残渣　不得过0.1%(附录Ⅷ N)。

　　重金属　取本品1.0 g,加乙醇22 mL 溶解后,加醋酸盐缓冲液(pH 3.5)2 mL 与水适量使成25 mL,依法检查(附录Ⅷ H 第一法),含重金属不得过百万分之十。

　　【含量测定】　取本品约0.5 g,精密称定,加中性乙醇(对酚酞指示液显中性)50 mL 溶解后,加酚酞指示液 3 滴,用氢氧化钠滴定液(0.1 mol/L)滴定。每 1 mL 氢氧化钠滴定液(0.1 mol/L)相当于 20.63 mg 的 $C_{13}H_{18}O_2$。

【类别】 解热镇痛非甾体抗炎药。

【贮藏】 密封保存。

【制剂】 ①布洛芬口服溶液;②布洛芬片;③布洛芬胶囊;④布洛芬混悬滴剂;⑤布洛芬缓释胶囊;⑥布洛芬糖浆。

布洛芬片
Buluofen Pian
Ibuprofen Tablets

本品含布洛芬($C_{13}H_{18}O_2$)应为标示量的 95.0%~105.0%。

【性状】 本品为糖衣或薄膜衣片,除去包衣后显白色。

【鉴别】 (1)取本品的细粉适量,加 0.4%氢氧化钠溶液溶解并稀释制成每 1 mL 中含布洛芬 0.25 mg 的溶液,滤过,取续滤液,照布洛芬项下的鉴别(1)项试验,显相同结果。

(2)取本品 5 片,研细,加丙酮 20 mL 使布洛芬溶解,滤过,取滤液挥干,真空干燥后测定。本品的红外光吸收图谱应与对照的图谱(光谱集 943 图)一致。

(3)在含量测定项下记录的色谱图中,供试品溶液主峰的保留时间应与对照品溶液相应主峰的保留时间一致。

【检查】 溶出度 取本品,照溶出度测定法(附录 X C 第一法),以磷酸盐缓冲液(pH 7.2)900 mL 为溶出介质,转速为每分钟 100 转,依法操作,经 30 分钟时,取溶液 10 mL,滤过,精密量取续滤液适量,用溶出介质定量稀释制成每 1 mL 中约含布洛芬 0.1 mg 的溶液,作为供试品溶液。另取布洛芬对照品,精密称定,加甲醇适量溶解并用溶出介质定量稀释制成每 1 mL 中约含 0.1 mg 的溶液,作为对照品溶液。取上述两种溶液,照含量测定项下的方法测定,计算每片的溶出量。限度为标示量的 75%,应符合规定。

其他 应符合片剂项下有关的各项规定(附录 Ⅰ A)。

【含量测定】 照高效液相色谱法(附录 Ⅴ D)测定。

色谱条件与系统适用性试验 用十八烷基硅烷键合硅胶为填充剂;以醋酸钠缓冲液(取醋酸钠 6.13 g,加水 750 mL 使溶解,用冰醋酸调节 pH 值至 2.5)-乙腈(40:60)为流动相;检测波长为 263 nm。理论板数按布洛芬峰计算不低于 2 500。

测定法 取本品 20 片(糖衣片应除去包衣),精密称定,研细,精密称取适量(约相当于布洛芬 50 mg),置 100 mL 量瓶中,加甲醇适量,振摇使布洛芬溶解,用甲醇稀释至刻度,摇匀,滤过,精密量取续滤液 20 μL 注入液相色谱仪,记录色谱图;另取布洛芬对照品 25 mg,精密称定,置 50 mL 量瓶中,加甲醇 2 mL 使溶解,用甲醇稀释至刻度,摇匀,同法测定。按外标法以峰面积计算,即得。

【类别】 同布洛芬。

【规格】 ①0.1 g;②0.2 g;③0.4 g。

【贮藏】 密封保存。

五、牛黄解毒片

牛黄解毒片
Niuhuang jiedu Pian

【处方】 人工牛黄 5 g　　　　　雄黄 50 g
　　　　　石膏 200 g　　　　　　大黄 200 g
　　　　　黄芩 150 g　　　　　　桔梗 100 g
　　　　　冰片 25 g　　　　　　　甘草 50 g

【制法】 以上八味,雄黄水飞成极细粉;大黄粉碎成细粉;人工牛黄、冰片研细;其余黄芩等四味加水煎煮两次,每次 2 小时,滤过,合并滤液,滤液浓缩成稠膏或干燥成干浸膏,加入大黄、雄黄粉末,制粒,干燥,再加入人工牛黄、冰片粉末,混匀,压制成 1 000 片(大片)或 1 500 片(小片),或包糖衣或薄膜衣,即得。

【性状】 本品为素片、糖衣片或薄膜衣片,素片或包衣片除去包衣后显棕黄色;有冰片香气,味微苦、辛。

【鉴别】 (1)取本品,置显微镜下观察:草酸钙簇晶大,直径 60~140 μm(大黄)。不规则碎块金黄色或橙黄色,有光泽(雄黄)。

(2)取本品 1 片,研细,进行微量升华,所得的白色升华物加新配制的 1%香草醛硫酸溶液 1~2 滴,液滴边缘渐显玫瑰红色。

(3)取本品 2 片,研细,加三氯甲烷 10 mL 研磨,滤过,滤液蒸干,残渣加乙醇 0.5 mL 使溶解,作为供试品溶液。照牛黄解毒丸【鉴别】(2)项下自"另取胆酸"起试验,显相同的结果。

(4)取本品 1 片,研细,加甲醇 20 mL,超声处理 15 分钟,滤过,取滤液 10 mL,蒸干,残渣加水 10 mL 使溶解,加盐酸 1 mL,加热回流 30 分钟,放冷,用乙醚振摇提取 2 次,每次 20 mL,合并乙醚液,蒸干,残渣加三氯甲烷 2 mL 溶解,作为供试品溶液。另取大黄对照药材 0.1 g,同法制成对照药材溶液。再取大黄素对照品,加甲醇制成每 1 mL 含 1 mg 的溶液,作为对照品溶液。照薄层色谱法(附录Ⅵ　B)试验,吸取上述 3 种溶液各 4 μL,分别点于同一以羧甲基纤维素钠为黏合剂的硅胶 H 薄层板上,以石油醚(30~60 ℃)-甲酸乙酯-甲酸(15∶5∶1)的上层溶液为展开剂,展开,取出,晾干,置紫外光灯(365 nm)下检视。供试品色谱中,在与对照药材色谱相应的位置上,显相同的 5 个橙黄色荧光主斑点;在与对照品色谱相应的位置上,显相同的橙黄色荧光斑点置氨蒸气中熏后,斑点变为红色。

(5)取本品 4 片,研细,加乙醚 30 mL,超声处理 15 分钟,滤过,弃去乙醚,滤渣挥尽乙醚,加甲醇 30 mL,超声处理 15 分钟,滤过,滤液蒸干,残渣加水 20 mL,加热使溶解,滴加盐酸调节 pH 值至 2~3,加乙酸乙酯 30 mL 振摇提取,分取乙酸乙酯液,蒸干,残渣加甲醇 1 mL 使溶解,作为供试品溶液。另取黄芩苷对照品,加甲醇制成每 1 mL 含 1 mg 的溶液,作为对照品溶液。照薄层色谱法(附录Ⅵ　B)试验,吸取上述两种溶液各 5 μL,分别点于同一以含 4%醋酸钠的羧甲基纤维素钠溶液为黏合剂的硅胶 G 薄层板上,以 2 酸 2 酯-丁酮-甲酸-水(5∶3∶1∶1)为展开剂,展开,取出,晾干,喷以 1%三氯化铁乙醇溶液。供试品色谱中,在与对照品色谱相应的位置上,显相同颜色的斑点。

(6)取本品 20 片(包衣片除去包衣),研细,加石油醚(30~60 ℃)-乙醚(3∶1)的混合溶液 30 mL,加 10%亚硫酸氢钠溶液 1 滴,摇匀,超声处理 5 分钟,滤过,弃去滤液,滤纸及滤渣置

90 ℃水浴上挥去溶剂,加三氯甲烷 30 mL,超声处理 15 分钟,滤过,滤液置 90 ℃水浴上蒸至近干,放冷,残渣加三氯甲烷-甲醇(3:2)的混合溶液 1 mL 使溶解,离心,取上清液作为供试品溶液。另取人工牛黄对照药材 20 mg,加三氯甲烷 20 mL,加 10%亚硫酸氢钠溶液 1 滴,摇匀,自"超声处理 15 分钟"起,同法制成为对照药材溶液。照薄层色谱法(附录Ⅵ B)试验,吸取上述两种溶液各 2~10 μL,分别点于同一硅胶 G 薄层板上,以石油醚(30~60 ℃)-三氯甲烷-甲酸乙酯-甲酸(20:3:5:1)的上层溶液为展开剂,展开,取出,晾干,置日光及紫外光灯(365 nm)下检视。供试品色谱中,在与对照药材色谱相应的位置上,显相同颜色的斑点及荧光斑点;加热后,斑点变为绿色。

【检查】 三氧化二砷 取本品适量(包衣片除去包衣),研细,精密称取 1.52 g,加稀盐酸 20 mL,时时搅拌 1 小时,滤过,残渣用稀盐酸洗涤 2 次,每次 10 mL,搅拌 10 分钟,洗液与滤液合并,置 500 mL 量瓶中,加水稀释至刻度,摇匀。精密量取 2 mL,加盐酸 5 mL 与水 21 mL,照砷盐检查法(附录Ⅸ F 第一法)检查,所显砷斑颜色不得深于标准砷斑。

其他 应符合片剂项下有关的各项规定(附录Ⅰ D)测定。

【含量测定】 照高效液相色谱法(附录Ⅴ D)测定。

色谱条件与系统适用性试验 用十八烷基硅烷键合硅胶为填充剂;以甲醇-水-磷酸(45:55:0.2)为流动相;检测波长为 315 nm。理论板数按黄芩苷峰计算不低于 3 000。

对照品溶液的制备 取黄芩苷对照品适量,精密称定,加甲醇制成每 1 mL 含 30 μg 的溶液,即得。

供试品溶液的制备 取本品 20 片(包衣片除去包衣),精密称定,研细,取 0.6 g,精密称定,置锥形瓶中,加 70%乙醇 30 mL,超声处理(功率 250 W,频率 33 kHz)20 分钟,放冷,滤过,滤液置 100 mL 量瓶中,用少量 70%乙醇分次洗涤容器和残渣,洗液滤入同一量瓶中,加 70%乙醇至刻度,摇匀;精密量取 2 mL,置 10 mL 量瓶中,加 70%乙醇至刻度,摇匀,即得。

测定法 分别精密吸取对照品溶液 5 μL 与供试品溶液 10 μL,注入液相色谱仪,测定,即得。

本品每片含黄芩以黄芩苷($C_{21}H_{18}O_{11}$)计,小片不得少于 3.0 mg,大片不得少于 4.5 mg。

【功能与主治】 清热解毒。用于火热内盛,咽喉肿痛,牙龈肿痛,口舌生疮,目赤肿痛。

【用法与用量】 口服。小片一次 3 片,大片一次 2 片,一日 2~3 次。

【注意】 孕妇禁用。

【贮藏】 密封。

六、板蓝根颗粒

板蓝根颗粒

Banlangen Keli

【处方】 板蓝根 1 400 g。

【制法】 取板蓝根,加水煎煮两次,第一次 2 小时,第二次 1 小时,煎液滤过,滤液合并,浓缩至相对密度为 1.20(50 ℃),加乙醇使含醇量达 60%,静置使沉淀,取上清液,回收乙醇并浓缩至适量,加入适量的蔗糖芬和糊精,制成颗粒,干燥,制成 1 000 g;或加入适量的糊精、或适量的糊精和甜味剂,制成颗粒,干燥,制成 600 g,即得。

【性状】　本品为浅棕黄色至棕褐色的颗粒;味甜、微苦,或味微苦(无蔗糖)。

【鉴别】　取本品2 g,研细,加乙醇10 mL,超声处理30分钟,滤过,滤液浓缩至2 mL,作为供试品溶液。另取板蓝根对照药材0.5 g,加乙醇20 mL,同法制成对照药材溶液。再取亮氨酸对照品、精氨酸对照品,加乙醇制成每1 mL各含0.1 mg的混合溶液,作为对照品溶液。照薄层色谱法(附录Ⅵ　B)试验,吸取供试品溶液及对照品溶液各5~10 μL、对照药材溶液2 μL,分别点于同一硅胶G薄层板上,以正丁醇-冰醋酸-水(19:5:5)为展开剂,展开,取出,晾干,喷以茚三酮试液,在105 ℃加热至斑点显色清晰。供试品色谱中,在与对照药材色谱和对照品色谱相应的位置上,显相同颜色的斑点。

【检查】　应符合颗粒剂项下有关的各项规定(附录Ⅰ C)。

【功能与主治】　清热解毒,凉血利咽。用于肺胃热盛所致的咽喉肿痛、口咽干燥、腮部肿胀;急性扁桃体炎、腮腺炎见上述证候者。

【用法与用量】　开水冲服。一次5~10 g,或一次3~6 g(无蔗糖),一日3~4次。

【规格】　①每袋装5 g(相当于饮片7 g);②每袋装10 g(相当于饮片14 g);③每袋装3 g(无蔗糖,相当于饮片7 g)。

【贮藏】　密封。

附录 7　常用缓冲液的配制

(1)邻苯二甲酸盐缓冲液(pH 值 5.6)　取邻苯二甲酸氢钾 10 g,加水 900 mL,搅拌使溶解,用氢氧化钠试液(必要时用稀盐酸)调节 pH 值至 5.6,加水稀释至 1 000 mL,混匀,即得。

(2)氨-氯化铵缓冲液(pH 值 8.0)　取氯化铵 1.07 g,加水使溶解成 100 mL,再加稀氨溶液(1→30)调节 pH 值至 8.0,即得。

(3)氨-氯化铵缓冲液(pH 值 10.0)　取氯化铵 5.4 g,加水 20 mL 溶解后,加浓氨溶液 35 mL,再加水稀释至 100 mL,即得。

(4)醋酸盐缓冲液(pH 值 3.5)　取醋酸铵 25 g,加水 25 mL 溶解后,加 7 mol/L 盐酸溶液 38 mL,用 2 mol/L 盐酸溶液或 5 mol/L 氨溶液准确调节 pH 值至 3.5(电位法指示),用水稀释至 100 mL,即得。

(5)醋酸-醋酸钠缓冲液(pH 值 3.6)　取醋酸钠 5.1 g,加冰醋酸 20 mL,再加水稀释至 250 mL,即得。

(6)醋酸-醋酸钠缓冲液(pH 值 3.7)　取无水醋酸钠 20 g,加水 300 mL 溶解后,加溴酚蓝指示液 1 mL 及冰醋酸 60~80 mL,至溶液从蓝色转变为纯绿色,再加水稀释至 1 000 mL,即得。

(7)醋酸-醋酸钠缓冲液(pH 值 3.8)　取 2 mol/L 醋酸钠溶液 13 mL 与 2 molL/L 醋酸溶液 87 mL,加每 1 mL 含铜 1 mg 的硫酸铜溶液 0.5 mL,再加水稀释至 1 000 mL,即得。

(8)醋酸-醋酸钠缓冲液(pH 值 4.5)　取醋酸钠 18 g,加冰醋酸 9.8 mL,再加水稀释至 1 000 mL,即得。

(9)醋酸-醋酸钠缓冲液(pH 值 4.6)　取醋酸钠 5.4 g,加水 50 mL 使溶解,用冰醋酸调节 pH 值至 4.6,再加水稀释至 100 mL,即得。

(10)醋酸-醋酸钠缓冲液(pH 值 6.0)　取醋酸钠 54.6 g,加 1 mol/L 醋酸溶液 20 mL 溶解后,加水稀释至 500 mL,即得。

(11)醋酸-醋酸铵缓冲液(pH 值 4.5)　取醋酸铵 7.7 g,加水 50 mL 溶解后,加冰醋酸 6 mL 与适量的水使成 100 mL,即得。

(12)醋酸-醋酸铵缓冲液(pH 值 6.0)　取醋酸铵 100 g 加水 300 mL 使溶解,加冰醋酸 7 mL,摇匀,即得。

(13)磷酸盐缓冲液　取磷酸二氢钠 38.0 g 与磷酸氢二钠 5.04 g,加水使成 1 000 mL,即得。

(14)磷酸盐缓冲液(pH 值 2.0)　甲液:取磷酸 16.6 mL,加水至 1 000 mL,摇匀。乙液:取磷酸氢二钠 71.63 g,加水使溶解成 1 000 mL。取上述甲液 72.5 mL 与乙液 27.5 mL 混合,摇匀,即得。

(15)磷酸盐缓冲液(pH 值 2.5)　取磷酸二氢钾 100 g,加水 800 mL,用盐酸调节 pH 值至 2.5,用水稀释至 1 000 mL,即得。

(16)磷酸盐缓冲液(pH 值 5.0)　取 0.2 mol/L 磷酸二氢钠溶液一定量,用氢氧化钠试液调节 pH 值至 5.0,即得。

（17）磷酸盐缓冲液（pH 值 5.8） 取磷酸二氢钾 8.34 g 与磷酸氢二钾 0.87 g,加水使溶解成 1 000 mL,即得。

（18）磷酸盐缓冲液（pH 值 6.5） 取磷酸二氢钾 0.68 g,加 0.1 mol/L 氢氧化钠溶液 15.2 mL,用水稀释成 100 mL,即得。

（19）磷酸盐缓冲液（pH 值 6.6） 取磷酸二氢钠 1.74 g、磷酸氢二钠 2.7 g 与氯化钠 1.7 g,加水使溶解成 400 mL,即得。

（20）磷酸盐缓冲液（pH 值 6.8） 取 0.2 mol/L 磷酸二氢钾溶液 250 mL,加 0.2 mol/L 氢氧化钠溶液 118 mL,用水稀释至 1 000 mL,摇匀,即得。

（21）磷酸盐缓冲液（pH 值 7.0） 取磷酸二氢钾 0.68 g,加 0.1 mol/L 氢氧化钠溶液 29.1 mL,用水稀释至 100 mL,即得。

（22）磷酸盐缓冲液（pH 值 7.2） 取 0.2 mol/L 磷酸二氢钾溶液 50 mL 与 0.2 mol/L 氢氧化钠溶液 35 mL,加新沸过的冷水稀释至 200 mL,摇匀,即得。

（23）磷酸盐缓冲液（pH 值 7.3） 取磷酸氢二钠 1.973 4 g 与磷酸二氢钾 0.224 5 g,加水使溶解成 1 000 mL,调节 pH 值至 7.3,即得。

（24）磷酸盐缓冲液（pH 值 7.4） 取磷酸二氢钾 1.36 g,加 0.1 mol/L 氢氧化钠溶液 79 mL,用水稀释至 200 mL,即得。

（25）磷酸盐缓冲液（pH 值 7.6） 取磷酸二氢钾 27.22 g,加水使溶解成 1 000 mL,取 50 mL,加 0.2 mol/L 氢氧化钠溶液 42.4 mL,再加水稀释至 200 mL,即得。

（26）磷酸盐缓冲液（pH 值 7.8） 甲液:取磷酸氢二钠 35.9 g,加水溶解,并稀释至 500 mL。乙液:取磷酸二氢钠 2.76 g,加水溶解,并稀释至 100 mL。取上述甲液 91.5 mL 与乙液 8.5 mL 混合,摇匀,即得,

（27）磷酸盐缓冲液（pH 值 7.8~8.0） 取磷酸氢二钾 5.59 g 与磷酸二氢钾 0.41 g,加水使溶解成 1 000 mL,即得。

附录 8　常用滴定液的配制

亚硝酸钠滴定液(0.1 mol/L)

$NaNO_2 = 69.00$　　　　　　　　　　　　　　　　　　$6.900\ g \rightarrow 1\ 000\ mL$

【配制】　取亚硝酸钠 7.2 g,加无水碳酸钠(Na_2CO_3)0.10 g,加水适量使溶解成 1 000 mL,摇匀。

【标定】　取在 120 ℃干燥至恒重的基准对氨基苯磺酸约 0.5 g,精密称定,加水 30 mL 与浓氨试液 3 mL,溶解后,加盐酸(1→2)20 mL,搅拌,在 30 ℃以下用本液迅速滴定,滴定时将滴定管尖端插入液面下约 2/3 处,随滴随搅拌;至近终点时,将滴定管尖端提出液面,用少量水洗涤尖端,洗液并入溶液中,继续缓缓滴定,用永停法指示终点。每 1 mL 亚硝酸钠滴定液(0.1 mol/L)相当于 17.32 mg 的对氨基苯磺酸。根据本液的消耗量与对氨基苯磺酸的取用量,算出本液浓度,即得。

如需用亚硝酸钠滴定液(0.05 mol/L)时,可取亚硝酸钠滴定液(0.1 mol/L)加水稀释制成。必要时标定浓度。

【贮藏】　置玻璃塞的棕色玻瓶中,密闭保存。

氢氧化四丁基铵滴定液(0.1 mol/L)

$(C_4H_9)_4NOH = 259.48$　　　　　　　　　　　　　　$25.95\ g \rightarrow 1\ 000\ mL$

【配制】　取碘化四丁基铵 40 g,置具塞锥形瓶中,加无水甲醇 90 mL 使溶解,置冰浴中放冷,加氧化银细粉 20 g,密塞,剧烈振摇 60 分钟;取此混合液数毫升,离心,取上清液检查碘化物,若显碘化物正反应,则在上述混合液中再加氧化银 2 g,剧烈振摇 30 分钟后,再做碘化物试验,直至无碘化物反应为止。混合液用垂熔玻璃滤器滤过,容器和垂熔玻璃滤器用无水甲苯洗涤 3 次,每次 50 mL;合并洗液和滤液,用无水甲苯-无水甲醇(3∶1)稀释至 1 000 mL,摇匀,并通入不含二氧化碳的干燥氮气 10 分钟。若溶液不澄清,可再加少量无水甲醇。

【标定】　取在五氧化二磷干燥器中减压干燥至恒重的基准苯甲酸约 90 mg,精密称定,加二甲基甲酰胺 10 mL 使溶解,加 0.3%麝香苯酚蓝的无水甲醇溶液 3 滴,用本液滴定至蓝色(以电位法校对终点),并将滴定的结果用空白试验校正。每 1 mL 氢氧化四丁基铵滴定液(0.1 mol/L)相当于 12.21 mg 的苯甲酸。根据本液的消耗量与苯甲酸的取用量,算出本液的浓度,即得。

【贮藏】　置密闭的容器内,避免与空气中的二氧化碳及湿气接触。

氢氧化钠滴定液(1 mol/L、0.5 mol/L 或 0.1 mol/L)

$NaOH = 40.00$　　　　　　　　　　$40.00\ g \rightarrow 1\ 000\ mL; 20.00\ g \rightarrow 1\ 000\ mL$

　　　　　　　　　　　　　　　　　　　　　　　$4.000\ g \rightarrow 1\ 000\ mL$

【配制】　取氢氧化钠适量,加水振摇使溶解成饱和溶液,冷却后,置聚乙烯塑料瓶中,静置数日,澄清后备用。

氢氧化钠滴定液(1 mol/L)：取澄清的氢氧化钠饱和溶液 56 mL,加新沸过的冷水使成1 000 mL,摇匀。

氢氧化钠滴定液(0.5 mol/L)：取澄清的氢氧化钠饱和溶液 28 mL,加新沸过的冷水使成1 000 mL,摇匀。

氢氧化钠滴定液(0.1 mol/L)：取澄清的氢氧化钠饱和溶液 5.6 mL,加新沸过的冷水使成1 000 mL,摇匀。

【标定】　氢氧化钠滴定液(1 mol/L)取在 105 ℃ 干燥至恒重的基准邻苯二甲酸氢钾约6 g,精密称定,加新沸过的冷水 50 mL,振摇,使其尽量溶解;加酚酞指示液 2 滴,用本液滴定;在接近终点时,应使邻苯二甲酸氢钾完全溶解,滴定至溶液显粉红色。每 1 mL 氢氧化钠滴定液(1 mol/L)相当于 204.2 mg 的邻苯二甲酸氢钾。根据本液的消耗量与邻苯二甲酸氢钾的取用量,算出本液的浓度,即得。

氢氧化钠滴定液(0.5 mol/L)取在 105 ℃ 干燥至恒重的基准邻苯二甲酸氢钾约 3 g,照上法标定。每 1 mL 氢氧化钠滴定液(0.5 mol/L)相当于 102.1 mg 的邻苯二甲酸氢钾。

氢氧化钠滴定液(0.1 mol/L)取在 105 ℃ 干燥至恒重的基准邻苯二甲酸氢钾约 0.6 g,照上法标定。每 1 mL 氢氧化钠滴定液(0.1 mol/L)相当于 20.42 mg 的邻苯二甲酸氢钾。

如需用氢氧化钠滴定液(0.05 mol/L、0.02 mol/L 或 0.01 mol/L)时,可取氢氧化钠滴定液(0.1 mol/L)加新沸过的冷水稀释制成。必要时,可用盐酸滴定液(0.05 mol/L、0.02 mol/L 或0.01 mol/L)标定浓度。

【贮藏】　置聚乙烯塑料瓶中,密封保存;塞中有 2 孔,孔内各插入玻璃管 1 支,1 管与钠石灰管相连,1 管供吸出本液使用。

盐酸滴定液(1 mol/L、0.5 mol/L、0.2 mol/L 或 0.1 mol/L)

HCl = 36.46　　　　　　　　　　　36.46 g → 1 000 mL ;18.23 g→1 000 mL

　　　　　　　　　　　　　　　　7.292 g→1 000 mL ;3.646 g→1 000 mL

【配制】　盐酸滴定液(1 mol/L)：取盐酸 90 mL,加水适量使成 1 000 mL,摇匀。

盐酸滴定液(0.5 mol/L、0.2 mol/L 或 0.1 mol/L)：照上法配制,但盐酸的取用量分别为45 mL、18 mL 或 9.0 mL。

【标定】　盐酸滴定液(1 mol/L)取在 270~300 ℃ 干燥至恒重的基准无水碳酸钠约 1.5 g,精密称定,加水 50 mL 使溶解,加甲基红-溴甲酚绿混合指示液 10 滴,用本液滴定至溶液由绿色转变为紫红色时,煮沸 2 分钟,冷却至室温,继续滴定至溶液由绿色变为暗紫色,每 1 mL 盐酸滴定液(1 mol/L)相当于 53.00 mg 的无水碳酸钠。根据本液的消耗量与无水碳酸钠的取用量,算出本液的浓度,即得。

盐酸滴定液(0.5 mol/L)：照上法标定,但基准无水碳酸钠的取用量改为约 0.8 g。每 1 mL盐酸滴定液(0.5 mol/L)相当于 26.50 mg 的无水碳酸钠。

盐酸滴定液(0.2 mol/L)：照上法标定,但基准无水碳酸钠的取用量改为约 0.3 g。每 1 mL盐酸滴定液(0.2 mol/L)相当于 10.60 mg 的无水碳酸钠。

盐酸滴定液(0.1 mol/L)：照上法标定,但基准无水碳酸钠的取用量改为约 0.15 g。每1 mL盐酸滴定液(0.1 mol/L)相当于 5.30 mg 的无水碳酸钠。

如需用盐酸滴定液(0.05 mol/L、0.02 mol/L 或 0.01 mol/L)时,可取盐酸滴定液(1 mol/L

或 0.1 mol/L)加水稀释制成。必要时标定浓度。

高氯酸滴定液(0.1 mol/L)

HClO₄ = 100.46   10.05g→1 000 mL

【配制】 取无水冰醋酸(按含水量计算,每 1 g 水加醋酐 5.22 mL)750 mL,加入高氯酸(70%~72%)8.5 mL,摇匀,在室温下缓缓滴加醋酐 23 mL,边加边摇,加完后再振摇均匀,放冷,加无水冰醋酸适量使成 1 000 mL,摇匀,放置 24 小时。若所测供试品易乙酰化,则须用水分测定法测定本液的含水量,再用水和醋酐调节至本液的含水量为 0.01%~0.2%。

【标定】 取在 105 ℃干燥至恒重的基准邻苯二甲酸氢钾约 0.16 g,精密称定,加无水冰醋酸 20 mL 使溶解,加结晶紫指示液 1 滴,用本液缓缓滴定至蓝色,并将滴定的结果用空白试验校正。每 1 mL 高氯酸滴定液(0.1 mol/L)相当于 20.42 mg 的邻苯二甲酸氢钾。根据本液的消耗量与邻苯二甲酸氢钾的取用量,算出本液的浓度,即得。

如需用高氯酸滴定液(0.05 mol/L 或 0.02 mol/L)时,可取高氯酸滴定液(0.1 mol/L)用无水冰醋酸稀释制成,并标定浓度。

本液也可用二氧六环配制。取高氯酸(70%~72%)8.5 mL,加异丙醇 100 mL 溶解后,再加二氧六环稀释至 1 000 mL。标定时,取在 105 ℃干燥至恒重的基准邻苯二甲酸氢钾约 0.16 g,精密称定,加丙二醇 25 mL 与异丙醇 5 mL,加热使溶解,放冷,加二氧六环 30 mL 与甲基橙-二甲苯蓝 FF 混合指示液数滴,用本液滴定至由绿色变为蓝灰色,并将滴定的结果用空白试验校正。即得。

【贮藏】 置棕色玻瓶中,密闭保存。

硝酸银滴定液(0.1 mol/L)

AgNO₃ = 169.87   16.99 g→1 000 mL

【配制】 取硝酸银 17.5 g,加水适量使溶解成 1 000 mL,摇匀。

【标定】 取在 110 ℃干燥至恒重的基准氯化钠约 0.2 g,精密称定,加水 50 mL 使溶解,再加糊精溶液(1→50)5 mL、碳酸钙 0.1 g 与荧光黄指示液 8 滴,用本液滴定至浑浊液由黄绿色变为微红色。每 1 mL 硝酸银滴定液(0.1 mol/L)相当于 5.844 mg 的氯化钠。根据本液的消耗量与氯化钠的取用量,算出本液的浓度,即得。

如需用硝酸银滴定液(0.01 mol/L)时,可取硝酸银滴定液(0.1 mol/L)在临用前加水稀释制成。

【贮藏】 置玻璃塞的棕色玻瓶中,密闭保存。

硫代硫酸钠滴定液(0.1 mol/L 或 0.05mol/L)

Na₂S₂O₃ · 5H₂O = 248.19   24.82g→1 000 mL

                                                     12.41g→1 000 mL

【配制】 硫代硫酸钠滴定液(0.1 mol/L)取硫代硫酸钠 26 g 与无水碳酸钠 0.20 g,加新沸过的冷水适量使溶解并稀释至 1 000 mL,摇匀,放置 1 个月后滤过。

硫代硫酸钠滴定液(0.05 mol/L)取硫代硫酸钠 13 g 与无水碳酸钠 0.10 g,加新沸过的冷水适量使溶解并稀释至 1 000 mL,摇匀,放置 1 个月后滤过,或取硫代硫酸钠滴定液

（0.1 mol/L）加新沸过的冷水稀释制成。

【标定】　硫代硫酸钠滴定液（0.1 mol/L）取在 120 ℃ 干燥至恒重的基准重铬酸钾 0.15 g，精密称定，置碘瓶中，加水 50 mL 使溶解，加碘化钾 2.0 g，轻轻振摇使溶解，加稀硫酸 40 mL，摇匀，密塞；在暗处放置 10 分钟后，加水 250 mL 稀释，用本液滴定至近终点时，加淀粉指示液 3 mL，继续滴定至蓝色消失而显亮绿色，并将滴定的结果用空白试验校正。每 1 mL 硫代硫酸钠滴定液（0.1 mol/L）相当于 4.903 mg 的重铬酸钾。根据本液的消耗量与重铬酸钾的取用量，算出本液的浓度，即得。

硫代硫酸钠滴定液（0.05 mol/L）：照上法标定，但基准重铬酸钾取用量改为约 75 mg，每 1 mL 硫代硫酸钠滴定液（0.05 mol/L）相当于 2.452 mg 的重铬酸钾。

室温在 25 ℃ 以上时，应将反应液及稀释用水降温至约 20 ℃。

如需用硫代硫酸钠滴定液（0.01 mol/L 或 0.005 mol/L）时，可取硫代硫酸钠滴定液（0.1 mol/L 或 0.05 mol/L）在临用前加新沸过的冷水稀释制成，必要时标定浓度。

硫酸滴定液（0.5 mol/L、0.25 mol/L、0.1 mol/L 或 0.05 mol/L）

$H_2SO_4 = 98.08$　　　　　　　　　　49.04 g→1 000 mL ；24.52 g→1 000 mL

　　　　　　　　　　　　　　　　　9.81 g→1 000 mL；4.904 g→1 000 mL

【配制】　硫酸滴定液（0.5 mol/L）：取硫酸 30 mL，缓缓注入适量水中，冷却至室温，加水稀释至 1 000 mL，摇匀。

硫酸滴定液（0.25 mol/L、0.1 mol/L 或 0.05 mol/L）：照上法配制，但硫酸的取用量分别为 15 mL、6.0 mL 或 3.0 mL。

【标定】　照盐酸滴定液（1 mol/L、0.5 mol/L、0.2 mol/L 或 0.1 mol/L）项下的方法标定，即得。

如需用硫酸滴定液（0.01 mol/L）时，可取硫酸滴定液（0.5 mol/L、0.1 mol/L 或 0.05 mol/L）加水稀释制成，必要时标定浓度。

碘滴定液（0.05 mol/L）

$I_2 = 253.81$　　　　　　　　　　　　　　　12.69 g→1 000 mL

【配制】　取碘 13.0 g，加碘化钾 36 g 与水 50 mL 溶解后，加盐酸 3 滴与水适量使成 1 000 mL，摇匀，用垂熔玻璃滤器滤过。

【标定】　取在 105 ℃ 干燥至恒重的基准三氧化二砷约 0.15 g，精密称定，加氢氧化钠滴定液（1 mol/L）10 mL，微热使溶解，加水 20 mL 与甲基橙指示液 1 滴，加硫酸滴定液（0.5 mol/L）适量使黄色转变为粉红色，再加碳酸氢钠 2 g、水 50 mL 与淀粉指示液 2 mL，用本液滴定至溶液显浅蓝紫色。每 1 mL 碘滴定液（0.05 mol/L）相当于 4.946 mg 的二氧化二砷。根据本液的消耗量与三氧化二砷的取用量，算出本液的浓度，即得。

如需用碘滴定液（0.025 mol/L）时，可取碘滴定液（0.05 mol/L）加水稀释制成。

【贮藏】　置玻璃塞的棕色玻瓶中，密闭，在凉处保存。

溴滴定液(0.05mol/L)

Br$_2$ = 159.81   7.990 g→1 000 mL

【配制】　取溴酸钾 3.0 g 与溴化钾 15 g,加水适量使溶解成 1 000 mL,摇匀。

【标定】　精密量取本液 25 mL,置碘瓶中,加水 100 mL 与碘化钾 2.0 g,振摇使溶解,加盐酸 5 mL,密塞,振摇,在暗处放置 5 分钟,用硫代硫酸钠滴定液(0.1 mol/L)滴定至近终点时,加淀粉指示液 2 mL,继续滴定至蓝色消失。根据硫代硫酸钠滴定液(0.1 mol/L)的消耗量,算出本液的浓度,即得。

室温在 25 ℃以上时,应将反应液降温至约 20 ℃。本液每次临用前均应标定浓度。

如需用溴滴定液(0.005 mol/L)时,可取溴滴定液(0.05 mol/L)加水稀释制成,并标浓度。

【贮藏】　置玻璃塞的棕色玻瓶中,密闭,在凉处保存。

溴酸钾滴定液(0.016 67 mol/L)

KBrO$_3$ = 167.00   2.784 g→1 000 mL

【配制】　取溴酸钾 2.8 g,加水适量使溶解成 1 000 mL,摇匀。

【标定】　精密量取本液 25 mL,置碘瓶中,加碘化钾 2.08 与稀硫酸 5 mL,密塞,摇匀,暗处放置 5 分钟后,加水 100 mL 稀释,用硫代硫酸钠滴定液(0.1 mol/L)滴定至近终点时,加淀粉指示液 2 mL,继续滴定至蓝色消失。根据硫代硫酸钠滴定液(0.1 mol/L)的消耗量,算出本液的浓度,即得。

室温在 25 ℃以上时,应将反应液及稀释用水降温至约 20 ℃。

附录 9　常用试剂及指示剂的配制

一、常用试剂

（1）乙醇制对二甲氨基苯甲醛试液　取对二甲氨基苯甲醛 1 g,加乙醇 9.0 mL 与盐酸 2.3 mL使溶解,再加乙醇至 100 mL,即得。

（2）乙醇制氢氧化钾试液　可取用乙醇制氢氧化钾滴定液(0.5 mol/L)。

（3）乙醇制硝酸银试液　取硝酸银 4 g,加水 10 mL 溶解后,加乙醇使成 100 mL,即得。

（4）二乙基二硫代氨基甲酸银试液　取二乙基二硫代氨基甲酸银 0.25 g,加三氯甲烷适量 与三乙胺 1.8 mL,加三氯甲烷至 100 mL,搅拌使溶解,放置过夜,用脱脂棉滤过,即得。本液应 置棕色玻璃瓶内,密塞,置阴凉处保存。

（5）二氯靛酚钠试液　取 2,6-二氯靛酚钠 0.1 g,加水 100 mL 溶解后,滤过,即得。

（6）三硝基苯酚试液　本液为三硝基苯酚的饱和水溶液。

（7）三氯化铁试液　取三氯化铁 9 g,加水使溶解成 100 mL,即得。

（8）对二甲氨基苯甲醛试液　取对二甲氨基苯甲醛 0.125 g,加无氮硫酸 65 mL 与水 35 mL 的冷混合液溶解后,加三氯化铁试液 0.05 mL,摇匀,即得。本液配制后在 7 日内使用。

（9）亚硝基铁氰化钠试液　取亚硝基铁氰化钠 1 g,加水使溶解成 20 mL,即得。本液应临 用新制。

（10）亚硝酸钠试液　取亚硝酸钠 1 g,加水使溶解成 100 mL,即得。

（11）茚三酮试液　取茚三酮 2 g,加乙醇使溶解成 100 mL,即得。

（12）氢氧化钠试液　取氢氧化钠 4.3 g,加水使溶解成 100 mL,即得。

（13）香草醛试液　取香草醛 0.1 g,加盐酸 10 mL 使溶解,即得。

（14）重氮苯磺酸试液　取对氨基苯磺酸 1.57 g,加水 80 mL 与稀盐酸 10 mL,在水浴上加 热溶解后,放冷至 15 ℃,缓缓加入亚硝酸钠溶液(1→10)6.5 mL,随加随搅拌,再加水稀释至 100 mL,即得。本液应临用新制。

（15）盐酸羟胺试液　取盐酸羟胺 3.5 g,加 60%乙醇使溶解成 100 mL,即得。

（16）铁氰化钾试液　取铁氰化钾 1 g,加水 10 mL 使溶解,即得。本液应临用新制。

（17）稀铁氰化钾试液　取 1%铁氰化钾溶液 10 mL,加 5%三氯化铁溶液 0.5 mL 与水 40 mL,摇匀,即得。

（18）氨试液　取浓氨溶液 400 mL,加水使成 1 000 mL,即得。

（19）氨制硝酸银试液　取硝酸银 1 g,加水 20 mL 溶解后,滴加氨试液,随加随搅拌,至初 起的沉淀将近全溶,滤过,即得。本液应置棕色瓶内,在暗处保存。

（20）铜吡啶试液　取硫酸铜 4 g,加水 90 mL 溶解后,加吡啶 30 mL,即得。本液应临用 新制。

（21）硝酸银试液　可取用硝酸银滴定液(0.1 mol/L)。

（22）硫代乙酰胺试液　取硫代乙酰胺 4 g,加水使溶解成 100 mL,置冰箱中保存。临用前 取混合液(由 1 mol/L 氢氧化钠溶液 15 mL、水 5.0 mL 及甘油 20 mL 组成)5.0 mL,加上述硫代乙酰胺溶液 1.0 mL,置水浴上加热 20 秒,冷却,立即使用。

(23)**硫氰酸铵试液** 取硫氰酸铵 8 g,加水使溶解成 100 mL,即得。

(24)**硫酸苯肼试液** 取盐酸苯肼 60 mg,加硫酸溶液(1→2)100 mL 使溶解,即得。

(25)**硫酸铜试液** 取硫酸铜 12.5 g,加水使溶解成 100 mL,即得。

(26)**氯化三苯四氮唑试液** 取氯化三苯四氮唑 1 g,加无水乙醇使溶解成 200 mL,即得。

(27)**氯化亚锡试液** 取氯化亚锡 1.5 g,加水 10 mL 与少量的盐酸使溶解,即得。本液应临用新制。

(28)**氯化钡试液** 取氯化钡的细粉 5 g,加水使溶解成 100 mL,即得。

(29)**氯化铵试液** 取氯化铵 10.5 g,加水使溶解成 100 mL,即得。

(30)**稀乙醇** 取乙醇 529 mL,加水稀释至 1 000 mL,即得。本液在 20 ℃时含 C_2H_5OH 应为 49.5%~50.5%(mL/mL)。

(31)**稀盐酸** 取盐酸 234 mL 加水稀释至 1 000 mL,即得。本液含 HCl 应为 9.5%~10.5%。

(32)**稀硫酸** 取硫酸 57 mL,加水稀释至 1 000 mL,即得。本液含 H_2SO_4 应为 9.5%~10.5%。

(33)**稀硝酸** 取硝酸 105 mL,加水稀释至 1 000 mL,即得。本液含 HNO_3 应为 9.5%~10.5%。

(34)**稀醋酸** 取冰醋酸 60 mL,加水稀释至 1 000 mL,即得。

(35)**碘化铋钾试液** 取次硝酸铋 0.85 g,加冰醋酸 10 mL 与水 40 mL 溶解后,加碘化钾溶液(4→10)20 mL,摇匀,即得。

(36)**稀碘化铋钾试液** 取次硝酸铋 0.85 g,加冰醋酸 10 mL 与水 40 mL 溶解后,即得。临用前取 5 mL,加碘化钾溶液(4→10)5 mL,再加冰醋酸 20 mL,加水稀释至 100 mL,即得。

(37)**碘化钾试液** 取碘化钾 16.5 g,加水使溶解成 100 mL,即得。本液应临用新制。

(38)**酸性氯化亚锡试液** 取氯化亚锡 20 g,加盐酸使溶解成 50 mL,滤过,即得。本液配成后 3 个月即不适用。

(39)**碱性亚硝基铁氰化钠试液** 取亚硝基铁氰化钠与碳酸钠各 1 g,加水使溶解成 100 mL,即得。

(40)**碱性酒石酸铜试液** ①取硫酸铜结晶 6.93 g,加水使溶解成 100 mL;②取酒石酸钾钠结晶 34.6 g 与氢氧化钠 10 g,加水使溶解成 100 mL。用时将两液等量混合,即得。

(41)**碱性 β-萘酚试液** 取 β-萘酚 0.25 g,加氢氧化钠溶液(1→10)10 mL 使溶解,即得。本液应临用新制。

(42)**碳酸钠试液** 取一水合碳酸钠 12.5 g 或无水碳酸钠 10.5 g,加水使溶解成 100 mL,即得。

(43)**醋酸汞试液** 取醋酸汞 5 g,研细,加温热的冰醋酸使溶解成 100 mL,即得。本液应置棕色瓶内,密闭保存。

(44)**醋酸铅试液** 取醋酸铅 10 g,加新沸过的冷水溶解后,滴加醋酸使溶液澄清,再加新沸过的冷水使成 100 mL,即得。

(45)**醋酸铵试液** 取醋酸铵 10 g,加水使溶解成 100 mL,即得。

(46)**靛胭脂试液** 取靛胭脂,加硫酸 12 mL 与水 80 mL 的混合液,使溶解成每 100 mL 中

含 $C_{16}H_8N_2O_2(SO_3Na)_2$ 0.09~0.11 g,即得。

（47）磷酸氢二钠试液　取磷酸氢二钠结晶 12 g,加水使溶解成 100 mL,即得。

二、常用指示剂

（1）甲基红指示液　取甲基红 0.1 g,加 0.05 mol/L 氢氧化钠溶液 7.4 mL 使溶解,再加水稀释至 200 mL,即得。变色范围 pH 值 4.2~6.3（红→黄）。

（2）甲基红-溴甲酚绿混合指示液　取 0.1%甲基红的乙醇溶液 20 mL,加 0.2%溴甲酚绿的乙醇溶液 30 mL,摇匀,即得。

（3）甲基橙指示液　取甲基橙 0.1 g,加水 100 mL 使溶解,即得。变色范围 pH 值 3.2~4.4（红→黄）。

（4）荧光黄指示液　取荧光黄 0.1 g,加乙醇 100 mL 使溶解,即得。

（5）结晶紫指示液　取结晶紫 0.5 g,加冰醋酸 100 mL 使溶解,即得。

（6）酚酞指示液　取酚酞 1 g,加乙醇 100 mL 使溶解,即得。变色范围 pH 值 8.3~10.0（无色→红）。

（7）淀粉指示液　取可溶性淀粉 0.5 g,加水 5 mL 搅匀后,缓缓倾入 100 mL 沸水中,随加随搅拌,继续煮沸 2 分钟,放冷,倾取上层清液,即得。本液应临用新制。

（8）硫酸铁铵指示液　取硫酸铁铵 8 g,加水 100 mL 使溶解,即得。

（9）喹哪啶-亚甲蓝混合指示液　取喹哪啶红 0.3 g 与亚甲蓝 0.1 g,加无水甲醇 100 mL 使溶解,即得。

（10）曙红钠指示液　取曙红钠 0.5 g,加水 100 mL 使溶解,即得。

参考文献

[1] 许柏球,丁兴华,彭珊珊,等.仪器分析[M].北京:中国轻工业出版社,2016.

[2] 黑育荣.仪器分析技术[M].重庆:重庆大学出版社,2017.

[3] 高向阳.新编仪器分析[M].北京:科学出版社,2013.

[4] 张威.仪器分析[M].北京:化学工业出版社,2010.

[5] 孙兰凤.分析化学[M].北京:中国中医药出版社,2015.

[6] 中华人民共和国药典委员会.中华人民共和国药典[M].北京:中国医药科技出版社,2015.

[7] 宋大千.仪器分析例题与习题[M].北京:高等教育出版社,2014.

[8] 黄一石.仪器分析[M].2 版.北京:化学工业出版社,2009.

[9] 王平.高效液相色谱在中药研究中的应用[M].北京:冶金工业出版社,2010.

[10] 冯玉红.现代仪器分析实用教程[M].北京:北京大学出版社,2008.

[11] 李晓燕.现代仪器分析[M].北京:化学工业出版社,2008.

[12] 张庆合.高效液相色谱使用手册[M].北京:化学工业出版社,2008.

[13] 丁明洁.仪器分析[M].北京:化学工业出版社,2008.

[14] 俞英.仪器分析实验[M].北京:化学工业出版社,2008.